ENQUÊTE

SUR LA SITUATION

ET LES BESOINS DE L'AGRICULTURE

EN ALGÉRIE

QUESTIONNAIRE GÉNÉRAL

RÉPONSES

FAITES

PAR LE COMICE AGRICOLE

DE L'ARRONDISSEMENT DE CONSTANTINE.

CONSTANTINE

TYPOGRAPHIE DE L. MARLE

1868

ENQUÊTE

SUR LA SITUATION

ET LES BESOINS DE L'AGRICULTURE

EN ALGÉRIE

QUESTIONNAIRE GÉNÉRAL.

RÉPONSES

FAITES

PAR LE COMICE AGRICOLE

DE L'ARRONDISSEMENT DE CONSTANTINE.

CONSTANTINE

TYPOGRAPHIE DE L. MARLE

1868

ET LES LEÇONS DE L'AGRICULTURE

QUESTIONNAIRE GÉNÉRAL

RÉPONSE

PAR LE COMICE AGRICOLE

CONDITIONS GÉNÉRALES DE LA PRODUCTION AGRICOLE.

§ 1er. — Etat de la propriété territoriale.

1. De quelle manière est divisée la propriété territoriale chez les Européens et chez les Indigènes, dans la contrée sur laquelle porte l'enquête, c'est-à-dire dans tout le territoire civil, et, en territoire militaire, dans toutes les tribus chez lesquelles a été appliqué le Sénatus-Consulte du 22 avril 1863 ?

Quelles sont les étendues de terrains qui, dans la contrée, sont considérées comme constituant les grandes, les moyennes et les petites propriétés ?

Quel est le nombre d'hectares occupés par la culture européenne et indigène, proportionnellement au nombre d'habitants ?

En territoire civil, la propriété territoriale existe presqu'en totalité à l'état de propriété privée, dans l'arrondissement de Constantine. La majeure partie des terrains domaniaux a été livrée à la colonisation par voie de concession, d'abord, et, en dernier lieu, par voie d'aliénation aux enchères.

Les réserves communales y sont généralement peu étendues. Il n'y existe pas de terrains de tribus appelés *arch*.

La partie du territoire militaire soumise jusqu'à ce

jour à l'application du Sénatus-Consulte du 22 avril 1863, se compose de terrains *arch* en partie délimités, mais non encore constitués en propriété individuelle ; de terrains domaniaux ou *azels* plus ou moins entamés par les largesses faites aux tribus ; et enfin, de terrains *melk* possédés, pour la plupart, par de grandes familles indigènes, à l'état d'indivision.

La propriété territoriale chez les Européens et Indigènes du territoire civil se divise en grande, moyenne et petite. — L'étendue de la grande est de 150 hectares et au-dessus ; celle de la moyenne, de 50 à 150 hectares ; celle de la petite, de 10 à 50 hectares.

En général, les propriétés indigènes sont très mal cultivées ; les rares exceptions que l'on rencontre sont dues au voisinage des fermes européennes et à l'influence des résultats obtenus par la culture perfectionnée.

La statistique officielle peut seule déterminer d'une manière précise le nombre d'hectares occupés par la culture européenne et indigène proportionnellement au nombre d'habitants.

2. Quelle influence le caractère de la propriété a-t-il exercé sur les conditions de la production depuis la création des centres européens ou depuis la soumission des tribus ?

Le caractère *privé* de la propriété est la base de tout progrès, car ce caractère seul peut enfanter chez l'individu l'activité qui donne le bien-être, la dignité qui fait l'homme et l'indépendance qui fait le citoyen.

Les centres européens ont exercé une influence tellement décisive sur le bien-être des populations indigènes mêlées au mouvement colonisateur, qu'on serait tenté de regarder comme un crime de lèse-humanité un plus long retard apporté à la constitution de la propriété individuelle au sein des tribus communistes. Mais cette œuvre serait illusoire si elle n'était accompagnée de l'application de nos codes aux Indigènes, sans laquelle les transactions immobilières entr'eux et les Européens seraient impossibles. Quoiqu'on en puisse dire, la masse des musulmans aspire à cette transformation radicale.

Les affreux ravages que fait aujourd'hui la famine au milieu des tribus, ont pour causes déterminantes le communisme abrutissant où ces populations sont maintenues et les obstacles sans nombre qui entravent leurs relations avec l'élément européen ; en un mot, le hideux spectacle auquel nous assistons est la conséquence funeste d'un respect insensé pour des traditions, des mœurs et une législation qui n'ont produit et ne peuvent produire que misère et abjection.

Oui, si on dressait en ce moment une carte mortuaire de l'Algérie, avec la teinte conventionnelle de gradation du blanc au noir, cette teinte funèbre irait s'assombrissant en proportion de l'éloignement des centres de population européenne.

3. En quelle proportion compte-t-on, parmi les ouvriers agricoles, ceux qui, propriétaires de lots de terre plus ou moins importants, travaillent alternativement pour les autres ?

Les ouvriers agricoles de cette nature manquent complètement dans l'arrondissement de Constantine. Cela est très regrettable, car ces ouvriers offrent, plus que tous autres, des garanties d'aptitude et de moralité. Cette lacune provient de ce que la propriété n'est pas assez morcelée autour des quelques villages déjà créés et que jusqu'à ce jour la petite culture y a été remplacée par le commerce de consomation locale alimenté par le roulage. Il y a lieu d'espérer une transformation salutaire sur le parcours des voies ferrées.

§ 2. — Mode d'exploitation.

4. Quels sont les divers modes d'exploitation du sol? Dans quelles proportions existent la grande, la moyenne et la petite culture ?

La culture intensive ou perfectionnée se pratique sur la petite propriété seulement, ou sur des fractions de la moyenne et de la grande, et encore n'est-ce que dans les environs des centres de population, c'est-à-dire à portée des voies de communication.

Sur la moyenne et la grande propriété, c'est la culture extensive qui domine. Les Indigènes, sauf de très rares exceptions, se maintiennent à la culture pastorale.

Partout où il y a de l'eau, c'est-à-dire des prairies, les colons font avec fruit l'élevage et l'engraissement des bestiaux.

5. Les grands propriétaires, les propriétaires moyens et les petits propriétaires exploitent-ils généralement par eux-mêmes ou font-ils exploiter sous leurs yeux et à leur compte ?

En général la petite propriété est exploitée directement par le propriétaire.

Les propriétaires grands et moyens font exploiter à leur compte, sous leurs yeux. Quelques-uns de ceux-ci circonscrivent leur exploitation aux terres irrigables et à une partie des terres de labour ou de parcours ; dans ce cas, ils louent l'excédent de leur propriété, ou le font cultiver par des khammès.

6. Quelle est, parmi les grands, moyens ou petits propriétaires, la proportion de ceux qui louent leurs terres à des fermiers ou qui les font cultiver par des métayers ?

S'il y a comme fermiers ou métayers des Indigènes, dans quelle proportion se trouve chaque catégorie de ces derniers ?

Le métayage est presqu'inconnu dans l'arrondissement de Constantine et, probablement, dans le reste de l'Algérie ; cela tient à ce que celui qui aurait des ressources suffisantes pour être métayer, préfère devenir propriétaire, ou même, simple fermier.

La proportion des propriétaires qui louent à des fermiers peut être approximativement évaluée à 1/15me pour la petite propriété, et à 1/10me pour les grande et moyenne, y compris les locations de fractions formant l'excédent des exploitations directes.

Il y a quelques fermiers indigènes, mais seulement pour les terres à céréales, non irriguées et non plantées.

7. Dans le mode de culture suivi généralement par les Indigènes au moyen des khammès, ces derniers sont-ils toujours en rapport direct avec le propriétaire, ou arrive-t-il qu'on se serve d'agents intermédiaires ?

Dans quelle proportion les cultivateurs européens emploient-ils les khammès indigènes ?

Généralement, les Indigènes grands propriétaires ne résident pas sur les terrains qu'ils font exploiter au moyen de khammès. Ceux-ci sont surveillés par un agent choisi, ou intermédiaire nommé ouakkaf. C'est ce dernier qui recrute les khammès, surveille les ensemencements, et dirige les travaux jusqu'au partage du grain récolté *exclusivement*, cette opération capitale étant réservé par le propriétaire. Le khammès reçoit pour salaire le 1/5 de la récolte en grains.

Les propriétaires européens n'emploient les khammès indigènes que dans une faible proportion.

§ 3. — Transmission de la propriété.

8. Quels sont, pour les différentes espèces de propriétés et pour les divers genres d'exploitation, les prix de vente des terres suivant leur qualité, les variations que ces prix ont pu subir depuis un certain temps en remontant à 1845 et les causes de ces variations ?

La valeur vénale des propriétés diminue en raison directe de leur éloignement des grands centres de population et des voies de communication dont ces centres sont plus ou moins pourvus.

Les terrains irrigables de petite étendue, quand ils sont près des villes et sur des routes, ont une valeur qui varie entre 1,000 et 1,500 fr. l'hectare.

Les terrains irrigables de grande étendue, dans les mêmes conditions topographiques, valent de 500 à 1,000 fr.

Les terrains irrigables qu'elle qu'en soit l'étendue, lorsqu'ils sont loin des routes ou des grands centres valent de 200 à 300 francs l'hectare, suivant qualité.

Les terrains de labour sur les routes et à proximité des grands centres valent de 200 à 300 francs.

Ceux de même nature, isolés, loin des routes et des centres valent de 50 à 100 francs.

Ces évaluations se rapportent aux ventes de gré à gré et non aux prix obtenus dans le feu des enchères.

A partir du Ministère spécial jusqu'en 1863, époque du sénatus-consulte sur la constitution de la propriété musulmane, les transactions immobilières étaient nombreuses et la terre acquérait une valeur rapidement croissante. A dater de cette dernière époque, la propriété territoriale a été frappée d'une énorme dépréciation.

9. Les domaines sont-ils ordinairement conservés dans une seule main au moyen d'arrangements de famille particuliers, ou sont-ils divisés entre les enfants ou les héritiers à la mort du chef de famille, ou enfin sont-ils habituellement vendus ? Quelles sont les conséquences produites dans l'un ou dans l'autre cas ?

Y a-t-il dans les pays indigènes des lois ou des coutumes différentes des lois françaises et tendant à s'opposer au trop grand morcellement du sol ? Les indiquer.

La propriété et la famille européennes sont constituées depuis trop peu de temps, en Algérie, pour que le partage des patrimoines se fasse en nature. Lors du décès du propriétaire, ses immeubles se vendent en bloc, quand ils ne sont pas conservés par ses héritiers.

La conséquence de cette situation est un obstacle sérieux au morcellement de la propriété et, par suite, un retard apporté au développement de la petite et moyenne culture si nécessaire au peuplement et à la prospérité de la colonie.

Le habbous qui, chez les Indigènes, frappe le sol d'inaliénabilité et l'exercice du droit de chefâ qui détruit les effets de la vente opérée, portent la plus grave atteinte à la libre transmission de la propriété territoriale ; il est urgent de les supprimer.

10. Les ventes de terres ont-elles lieu plus particulièrement en bloc ou en détail ? Dans quelles proportions se pratiquent ces deux modes de vente ? Quelles sont les différences de prix suivant que l'un ou l'autre est employé ?
Y a-t-il des obstacles qui s'opposent à la libre transmission de la propriété entre Européens et Indigènes, soit en territoire civil soit en territoire militaire ?

En général les ventes de terres se font en bloc.

L'obstacle le plus grave qui s'oppose à la libre transmission de la propriété entre Européens et Indigènes, même dans le territoire civil est le suivant : Les actes d'aliénation d'immeubles entre indigènes, reçus par les cadis, ont une valeur authentique, dans quelque circonscription judiciaire du territoire qu'ils aient été passés et, bien qu'ils soient affranchis de la double formalité de l'enregistrement et de la transcription. Il suit de là, que lorsqu'un Européen acquiert un immeuble d'un musulman par acte devant notaire, et qu'il en a payé le prix sur le vu d'un certificat négatif délivré à la transcription, il reste pendant les dix années nécessaires à la prescription fondée sur juste titre, sous le coup d'une éviction de la part d'un tiers acquéreur musulman nanti d'un acte passé devant un cadi quelconque, antérieur en date à l'acte notarié, et l'éviction prononcée il ne reste au malheureux acquéreur qu'une action en stellionat contre son vendeur de mauvaise foi, action illusoire si ce dernier est devenu insolvable. Le même danger existe pour toutes les charges cachées dont l'immeuble aliéné peut être grévé, telles que bail en nantissement, autrement dit antichrèse, pour assurer le remboursement d'une somme prêtée ; ou bail à ferme dont les loyers sont payés par anticipation pour plusieurs années. La vigilance des notaires, bien qu'elle soit toujours en éveil pour s'assurer qu'il n'existe pas de pareilles fraudes, est souvent en défaut, parce qu'il n'y a aucun moyen légal d'investigation.

Est-il possible de maintenir une source aussi ré-révoltante d'abus ?

En territoire militaire, le régime exceptionnel sera, tant qu'il existera, une cause radicale d'éloignement des colons européens. A ce motif péremptoire, il convient d'ajouter l'état général de communisme dans lequel vivent encore les Indigènes. Les transactions immobilières sont nécessairement subordonnées à la constitution de la propriété individuelle.

11. Quelles modifications pourrait-il y avoir lieu d'apporter à la législation existante, tant française que musulmane, pour favoriser cette transmission en simplifiant les formes et en réduisant les frais, tout en assurant la publicité et la sécurité des contrats ?

Nous l'avons déjà dit en répondant à la 2ᵐᵉ question ; il faut, sans plus tarder, appliquer nos codes aux indigènes musulmans ; le salut de la colonie est là. L'on ne comprend pas que la France, pays de l'unité par excellence, croie pouvoir soustraire l'Algérie à l'unité de législation en matière de propriété territoriale.

Comme moyens auxiliaires de favoriser la transmission, il serait opportun de supprimer l'impôt de mutation par suite d'aliénation volontaire ou forcée, et, en outre, de s'abstenir de créer celui par décès. Ces droits qui n'ont d'autre titre que leur antiquité, manquent, le plus souvent, de proportionnalité réelle. Il conviendrait, enfin, de réduire les frais de transcription à un droit fixe et minime, représentant le salaire de la formalité.

§ 4. — Conditions de location de la propriété.

12. Quels sont les prix de location des terres suivant leurs diverses qualités et dans les différents modes de constitution et d'exploitation de la propriété? Quelles variations ces prix ont-ils subi depuis 1845 et quelles ont été les causes de ces variations?

La valeur locative des terres est généralement représentée aujourd'hui par le huit ou dix pour cent de leur valeur vénale. Cette valeur locative a considérablement augmenté depuis 1845, bien que le taux de l'intérêt ait sensiblement diminué, ce qui dénote un accroissement sensible dans la valeur des immeubles territoriaux. Nous répétons, toutefois, qu'il y a eu à cet égard un mouvement inverse à dater du sénatus-consulte de 1863.

13. Quelles sont les conditions des baux à ferme, leur durée habituelle, les obligations qu'ils imposent aux fermiers indépendamment du paiement des fermages, notamment sous le rapport des redevances de toute espèce? Quelles sont, le plus habituellement, la nature et la valeur de ces redevances? Ces conditions sont-elles les mêmes pour les Indigènes que pour les Européens?

Les baux à ferme consentis à des Européens ont habituellement une durée de 3, 6 ou 9 ans, à la volonté du preneur. Ceux consentis aux Indigènes sont généralement limités à une année. Les uns et les autres sont stipulés en argent, sans redevances.

Dans l'arrondissement de Constantine, il arrive

quelquefois que le propriétaire fait avec des Indigènes
aisés des associations à moitié fruit ou au tiers, suivant la nature du terrain.

Les indigènes locataires ou associés des Européens
pour l'exploitation des terres de ces derniers, sont
affranchis du paiement de l'achour et échappent à
l'action arbitraire de leurs caïds, c'est pourquoi ces
positions sont par eux recherchées.

Les propriétaires indigènes exigent de leurs locataires, outre le prix de la location en argent ou en
nature, une corvée de journées d'hommes et d'animaux, nommée *louïza*.

14. Quels sont les divers modes de paiement du prix de location des terres par les
fermiers? Ce paiement se fait-il pour la totalité ou pour partie, soit en argent,
soit en nature? Pour le paiement en argent, le prix est-il fixé d'avance ou reste-
t-il invariable pendant toute la durée du bail, ou se règle-t-il d'après le cours
des grains constaté par les mercuriales? Pour le paiement en nature, quelles
conditions spéciales sont imposées? Ces conditions sont-elles les mêmes pour
les Indigènes que pour les Européens?

Le mode de paiement du prix de location généralement adopté est par trimestre ou par semestre, d'a-
vance ou à terme échu, suivant convention. Ce prix
n'est jamais stipulé en nature, de la part des propriétaires européens, mais bien en une somme fixe d'argent.

15. Quelles sont les clauses et conditions des contrats de métayage, pour les Européens ou pour les Indigènes, suivant que l'on contracte avec les uns ou avec les
autres?

Nous ne connaissons pas dans l'arrondissement de
Constantine des métayers européens.

Les rares cas de métayage avec des indigènes con-
sistent en des associations annuelles pour la culture

des céréales. L'Européen propriétaire fournit le sol ;
l'Arabe le fait cultiver à sa façon et avec ses moyens
propres ; la récolte obtenue est partagée dans la proportion de 1/2 ou de 1/3 pour le propriétaire, suivant
la nature du sol et les conventions intervenues entre
parties.

§. 5. — Capitaux. — Moyens de crédit.

16. Quel est le montant du capital de première installation dans une exploitation d'une importance donnée, et quel est le montant du capital de roulement ?

Le capital de première installation dans une exploitation bien organisée doit être de 500 francs par hectare jusqu'à une étendue de 50 hectares, c'est-à-dire
pour la petite culture ; de 300 francs par hectare en
plus, jusqu'à 150 hectares et de 200 francs par hectare en plus, au-delà de cette étendue moyenne. Dans
toutes ces hypothèses, le capital de roulement doit
varier entre 50 et 100 francs par hectare, suivant la
nature de l'exploitation.

17. Ces capitaux suffisent-ils aux besoins de la culture, au perfectionnement des procédés agricoles et à l'amélioration des terres ?

Ces capitaux sont insuffisants à ce double point de
vue, et les propriétaires qui ont l'ambition de perfec-
tionner les procédés agricoles et d'améliorer leurs
terres, ne peuvent le faire qu'en y appliquant les
ressources étrangères dont ils peuvent disposer, ou,
à défaut, la portion de revenus qu'ils économisent
sur leurs besoins.

18. Si les capitaux n'existent pas ou ne se trouvent pas en quantités suffisantes entre les mains de ceux qui possèdent les propriétés rurales ou qui les exploitent, comment ceux-ci peuvent-ils se les procurer? Quelles facilités ou quels obstacles rencontrent-ils à cet égard?

Les propriétaires ne peuvent se procurer les capitaux qui leur font défaut, qu'en recourant à des emprunts, et les conditions de ces emprunts sont tellement onéreuses, que si les propriétaires ont le malheur de s'y soumettre, ils marchent à grands pas vers la déconfiture.

Le crédit agricole n'existe pas en Algérie; le Crédit foncier de France ne prête aux immeubles territoriaux qu'à un taux si exorbitant, qu'on pourrait presque l'appeler usuraire.

19. A quel taux l'argent qui leur est nécessaire leur est-il habituellement fourni?

Le taux du prêt sur hypothèque varie de 8 à 12 p. % pour la propriété rurale, sans compter les frais de l'acte d'obligation.

Le Crédit foncier de France s'obstine à maintenir l'intérêt des rares prêts qu'il fait en Algérie à cette propriété, au taux maximum de 8 p. % fixé par les décrets des 28 mars et 10 décembre 1852, et il porte à 1 fr. 20 c. p. % l'allocation des frais d'administration, de telle sorte que ce tarif exorbitant élève en réalité le taux de l'emprunt à 9 fr. 20. En ajoutant au taux normal de 9 fr. 20 p. % le montant de l'amortissement, on arrive à une annuité de 10 fr. 04 p. % pour la libération en 30 années, de 11 fr. 304 en 20 années et de 15 fr. 916 en 10 années. Encore, faut-il tenir compte des frais originaires de l'acte d'obligation. Les emprunts faits dans de pareilles conditions sont ruineux pour les propriétaires ; dans les cas les plus favorables, les revenus de la propriété étant largement absorbés par le service régulier des intérêts, il n'y a plus de place pour les améliorations culturales.

Pour ce qui est des emprunts sur billets à court terme, en dehors de ceux qu'admet à Constantine la Banque de l'Algérie, par suite d'une tolérance intelligente et féconde, on peut dire que le taux de l'intérêt est indéterminé et indéfini ; il varie entre 12 et 60 p. %.

20. Dans le cas ou la situation actuelle du crédit agricole serait considérée comme défectueuse, par quels moyens et par quelles modifications à la législation existante serait-il possible de l'améliorer ?

Le Comice agricole de Constantine s'est préoccupé de cette question qu'il a regardé, à bon droit, comme la plus importante de celles qui intéressent la prospérité de la colonie. Il a adopté comme forme d'institution de crédit agricole, des associations ou syndicats d'arrondissement basés sur le principe de la mutualité et sur la combinaison de l'hypothèque éventuelle avec le billet à ordre escomptable.

Ce projet livré à la publicité a provoqué dans la presse algérienne des observations critiques dont la plus fondée repose sur l'état encore réfractaire de nos mœurs et de nos habitudes à l'esprit d'association. Ce ne serait donc, sous ce rapport, qu'une affaire de temps et de vulgarisation. Mais comme la solution du problème est d'une extrême urgence, peut-être y aurait-il lieu de recourir transitoirement au procédé suivant qui nous paraît susceptible de donner à l'agriculture algérienne une satisfaction immédiate et suffisante.

Il faudrait, avant tout, constituer la commune libre, dans l'acception la plus large du mot.

Toutes les communes du même arrondissement s'associeraient pour fonder une banque agricole avec un capital que cette association se procurerait soit au moyen d'un emprunt au *Crédit foncier de France*, amortissable en 10 ou 15 années, à des conditions d'intérêt, bien entendu, réduit ; soit au moyen d'obligations également remboursables annuellement par dixièmes ou quinzièmes, avec primes.

Dans ces emprunts, la solidarité des communes associées serait stipulée en faveur des prêteurs, mais la quote-part de chacune d'elles serait proportionnelle à ses ressources budgétaires.

L'association aurait la faculté d'émettre des billets au porteur jusqu'à concurrence du double de son capital social.

La banque agricole pourrait recevoir des dépôts de fonds en compte courant, à un taux modéré, pour élargir le cercle de ses opérations. Elle utiliserait enfin, les fonds de roulement improductifs et sans emploi à certaines époques de l'année, résultant des diverses recettes communales.

L'administration serait confiée aux conseils municipaux des communes associées ; ces conseils municipaux, suivant les cas, procéderaient par assemblées générales ou par délégués. Elle serait centralisée à la mairie du chef-lieu d'arrondissement ; les frais généraux seraient ainsi peu onéreux, puisqu'il y aurait économie d'employés et de local.

Les opérations de la banque agricole consisteraient en prêts sur billets à intérêt, dont le terme pourrait

_être porté jusqu'à un an et en prêts sur récoltes.

Les billets seraient souscrits par le propriétaire emprunteur, à l'ordre du Receveur municipal de la commune chef-lieu d'arrondissement, avec garantie hypothécaire éventuelle sur son immeuble. Le taux de l'escompte serait réduit au chiffre strictement nécessaire pour faire face aux remboursements des annuités stipulées, c'est-à-dire pour éteindre en 10 ou 15 ans le capital social. Une fois ce remboursement effectué, l'association trouverait dans les opérations de prêts agricoles une source de revenus communaux. Dans tous les cas, cette situation lui permettrait d'abaisser considérablement le taux de l'escompte au profit des colons emprunteurs.

21. Les emprunts faits par les propriétaires ou les exploitants du sol sont-ils consacrés exclusivement à l'amélioration des terres et au développement de la culture ?

Le premier besoin à satisfaire pour le colon dont l'exploitation possède un local strictement suffisant et les instruments de culture rudimentaires, c'est de se procurer des animaux de labour, des semences et du bétail pour engraissement ou pour faire du croît. L'amélioration des terres et le développement de la culture, bien qu'ils soient le but constant de ses efforts, ne peuvent donc être sérieusement abordés qu'après satisfaction donnée aux besoins sus-indiqués ; et comme les emprunts sont difficiles et onéreux, le progrès de l'agriculture est gravement entravé par l'absence du crédit agricole. Constituer ce crédit est donc une des mesures les plus urgentes à prendre pour favoriser l'amélioration des terres et le développement de la culture.

22. Quelle est aujourd'hui la situation hypothécaire de la propriété rurale ? Quelle est particulièrement cette situation pour le propriétaire exploitant et pour le propriétaire non exploitant ?

A l'exception de la propriété rurale bien assise et située dans le voisinage des grands centres de population, en territoire civil, les autres immeubles ruraux sont, jusqu'à ce jour, à peu près vierges d'inscriptions hypothécaires conventionnelles pour cause d'emprunt, et même, dans le premier cas, les emprunts de cette nature sont peu nombreux, par suite de la préférence marquée des capitalistes pour les immeubles urbains bâtis. L'écart des taux entre les emprunts hypothécaires sur immeubles urbains et sur immeubles ruraux varie aujourd'hui de 2 à 8 p. % suivant la situation de ces derniers. C'est toujours au profit de l'exploitation et par le propriétaire exploitant que l'emprunt est contracté.

23. Quelle a été l'influence exercée sur l'emploi des capitaux et des épargnes agricoles par le développement qu'a pris la fortune mobilière et par la création de valeurs de toute nature ?

La province de Constantine est un pays de production par excellence, et le chef-lieu de cette province est le centre du commerce de consommation et d'exportation auquel donnent lieu les produits provenant des vastes territoires du Sud et de ceux environnants, dans un rayon très considérable. Les producteurs indigènes, qui sont les plus nombreux, appliquent à l'acquisition des objets de première nécessité, notamment des tissus, le prix à peu près entier de leurs denrées et ainsi se trouvent absorbés *sans réserve* leurs modiques revenus. Nous disons *modiques*, par-

ce que ces revenus ne sont qu'une fraction minime
de ce qu'ils pourraient être, par suite de la culture
détestable qui stérilise les terres et de la coupable incurie qui anéantit périodiquement des quantités ef-
froyables d'animaux de toutes races.

Pour ce qui est des colons européens, nous l'avons
déjà dit, ils appliquent autant que possible leurs
épargnes à l'amélioration de leurs exploitations agricoles, et c'est ce qui accroît sensiblement leur bien-
être, même à travers les crises générales.

On peut donc affirmer que l'accroissement de la
fortune mobilière se circonscrit dans les profits com-
merciaux et industriels. Il arrive parfois que lorsqu'une fortune privée est ainsi constituée, son possesseur quitte la colonie pour aller dans la métropole
jouir de ses rentes ; mais ce cas est de plus en plus
rare. Rarement même l'émigrant-déserteur emporte ses
capitaux : complétement édifié sur la solidité des
placements en Algérie et sollicité d'ailleurs par le
taux élevé de l'intérêt, il les y fait valoir. Généralement, les Européens lancés dans les affaires persistent à poursuivre les chances de la fortune. Lorsqu'ils n'ont pas de maison d'habitation leur
appartenant, le premier usage qu'ils font de leurs
capitaux disponibles est d'en faire construire ou d'en
acheter une pour se soustraire à des loyers exorbi-
tants. Quelquefois même, ils font de ces constructions
urbaines ou de ces acquisitions, une spéculation ou
un placement de fonds. D'autres, enfin, trouvant dans
le crédit de la Banque de l'Algérie, dont le taux 6
p. %, est relativement modique, des ressources suffisantes pour le courant de leurs opérations, appliquent l'excédant de leurs ressources propres à l'acquisition de propriétés rurales ou à des placements

sur hypothèque ou sur billets. Tel est, dans l'arrondissement de Constantine, le mouvement général des valeurs mobilières à mesure qu'elles se créent. A défaut d'immigration et de capitaux étrangers, il en résulte pour la colonisation un progrès trop peu rapide, il est vrai, mais constant et réel.

§. — Salaires. — Main-d'œuvre.

24. Les salaires des ouvriers de la culture ont-ils augmenté ou diminué depuis 1845 ? Dans l'un ou l'autre cas, dans quelle proportion pour les ouvriers Européens et pour les ouvriers Indigènes ?

Il y a eu augmentation de 20 p. % environ pour les ouvriers européens. Les salaires des ouvriers indigènes n'ont pas subi d'augmentation sensible, sauf pour ceux de ces ouvriers dont l'aptitude au travail s'est révélée.

25. En a-t-il été de même des salaires des ouvriers et des domestiques autres que les domestiques employés pour la culture ?

L'augmentation a été un peu plus grande.

26. Quelles sont les causes de l'augmentation des salaires ?

D'abord, l'accroissement successif du prix des denrées alimentaires, et, en second lieu, la pénurie de la main-d'œuvre, eu égard aux besoins de la culture. Cette pénurie tient essentiellement au défaut d'immigration et à l'impossibilité presqu'absolue d'utiliser la main-d'œuvre indigène, sauf celle des Kabyles à l'époque des moissons.

27. Le nombre des ouvriers ruraux est-il en rapport avec les besoins de la culture, ou est-il insuffisant ?

Il est de beaucoup insuffisant, et c'est cette insuffisance qui est un des plus graves obstacles au perfectionnement des systèmes de culture. Dans beaucoup d'exploitations, on aurait déjà passé à la période intensive, si les bras des ouvriers ruraux ne faisaient défaut.

28. S'il y a insuffisance d'ouvriers agricoles, quelles en sont les causes ?

Nous venons de le dire, cette insuffisance doit être attribuée exclusivement au défaut d'immigration. Or il est certain que le courant d'immigration ne s'établira que du jour où la colonie sera placée sous une administration purement civile, et où la propriété privée indigène constituée sous le régime de notre code civil, sera devenu l'objet de transactions territoriales possibles entre indigènes et Européens. Jusqu'à l'avénement de cette double réforme politique et économique, l'Algérie languira, comme par le passé, dans une atmosphère énervante d'incertitudes, de tiraillements et de crises calamiteuses.

29. L'emploi des machines agricoles s'est-il étendu dans la colonie et a-t-il une tendance à se vulgariser de plus en plus ?

Jusqu'à ce jour, les propriétaires qui font de la grande culture se sont généralement bornés à l'introduction de machines agricoles dont le succès est éprouvé, telles que batteuses, râteaux à cheval, herses, tarares, trieurs, égrenoirs, semoirs, rouleaux, hache-paille et charrues perfectionnées de toutes sortes. Pour ce qui est de la faucheuse et de la moisson-neuse, quelques essais ont été faits dans l'arrondisse-ment, mais on a dû renoncer à ces machines, par suite des résultats peu satisfaisants qu'elles ont donnés.

30. La manière de moissonner n'a-t-elle pas subi des modifications et n'exige-t-elle pas un personnel moins nombreux que par le passé ?

Les Européens emploient la faulx partout où cela est possible, et, à défaut, la faucille. Les indigènes n'emploient encore que leur faucille, instrument très défectueux. Pour ne pas se baisser, ils coupent la paille à quelques centimètres de l'épi et en font des bou-quets qu'ils dépiquent sous les pieds de leurs che-vaux ou mulets. De cette façon, la majeure partie de la paille reste sur le champ où elle est livrée en pâ-turage aux animaux.

Les moissonneurs kabyles rendent de grands ser-vices ; sans eux, la paresse et l'incurie des arabes proprement dits compromettraient annuellement une partie des récoltes.

31. La somme de travail obtenue des ouvriers agricoles européens est-elle plus ou moins considérable qu'en France ?
    Celle obtenue des Indigènes est-elle en rapport avec le salaire qui leur est alloué ?

Elle est moins considérable qu'en France durant les fortes chaleurs de l'été.

Pour ce qui est des Indigènes, les Kabyles seuls font un travail en rapport avec le salaire qu'ils reçoi-vent. Le salaire attribué aux autres ouvriers indigènes arabes est toujours supérieur aux services qu'ils rendent.

32. Les conditions d'existence de cette partie de la population se sont-elles améliorées ? S'est-il produit des modifications favorables dans la manière dont elle est nourrie, dont elle est vêtue et logée ? Son bien-être général s'est-il accru, et dans quelle mesure ? Donner ces indications pour les ouvriers indigènes comme pour les ouvriers européens.

L'instruction primaire est-elle dirigée dans un sens favorable à l'agriculture ? Les sociétés de secours mutuels sont-elles suffisamment répandues dans les campagnes ?

L'assistance publique y est-elle convenablement organisée ?

Les conditions d'existence des ouvriers agricoles européens se sont améliorées ; le pays s'est assaini ; les fermes sont mieux tenues ; l'alimentation est mieux soignée, les vêtements plus conformes aux règles de l'hygiène ; en un mot, le bien-être s'est accru d'une manière très sensible.

Les ouvriers indigènes, loin de participer à ce progrès qui devrait leur servir d'exemple et de stimulant, continuent de croupir dans cette indolence native qui énerve à la fois leur intelligence et leur corps, et les maintient dans un état chronique de dépérissement.

Malheureusement, jusqu'à ce jour l'instruction primaire est restée étrangère à l'enseignement de l'art agricole ; c'est une lacune très regrettable à remplir.

Dans les campagnes de l'arrondissement de Constantine, il n'existe pas encore de sociétés de secours mutuels. L'assistance publique y fait pareillement défaut.

33. En ce qui concerne les Européens, l'état moral des ouvriers de la campagne est-il satisfaisant ?

Leurs relations avec ceux qui les emploient sont-elles faciles?

Quels sont les résultats et les causes des changements survenus sous ce rapport?

Les ouvriers européens vivent-ils en bonne harmonie avec les ouvriers indigènes?

Quelle est la proportion des ouvriers indigènes, notamment des Kabyles, qui vont chercher du travail chez les Européens ou dans les tribus?

L'état moral des ouvriers de la campagne européens est très satisfaisant; la statistique judiciaire en fait foi d'une façon irrécusable.

Leurs relations avec les propriétaires qui les emploient sont généralement faciles; mais cette classe si précieuse de travailleurs agricoles qui, dans la métropole, s'attachent à leurs maîtres, ou tout au moins à l'exploitation qu'ils ont fécondée de leurs labeurs, manque complètement en Algérie : ici, l'ouvrier est encore trop inconstant et trop nomade.

Les ouvriers européens traitent avec bienveillance les ouvriers indigènes qui travaillent à côté d'eux. Malheureusement, il arrive souvent que ceux-ci répondent à cette sympathie par la plus noire ingratitude.

34. Y aurait-il avantage à étendre aux ouvriers agricoles européens les dispositions de la loi du 22 juin 1854 relative aux livrets? N'y aurait-il pas à prendre des dispositions analogues pour les ouvriers indigènes?

Cette mesure aurait une utilité incontestable appliquée aux ouvriers agricoles européens. Quant aux indigènes, elle serait également utile comme mesure de police, mais il en résulterait une certaine entrave à la libre circulation des ouvriers kabyles qui viennent dans le pays en nombre considérable à l'époque des moissons et des fauchaisons.

35. Le nombre des ouvriers indigènes qui viennent se mettre à la disposition des cultivateurs pour les grands travaux de la moisson et de la vendange est-il plus ou moins considérable aujourd'hui que par le passé ? Quelle influence les faits de cette nature exercent-ils sur la condition des ouvriers sédentaires et sur leurs rapports avec ceux qui les emploient ?

Dans les quatre mois de mai, juin, juillet et août, les campagnes sont inondées d'ouvriers kabyles ; ces ouvriers, véritables Auvergnats de l'Algérie, sont généralement laborieux, sobres et dociles ; ils rendent aux cultivateurs européens et indigènes les plus grands services, car, sans eux, l'opération des récoltes serait impossible. Ces faits, loin de troubler la condition des ouvriers sédentaires, constituent pour ceux-ci un auxiliaire précieux, sans altérer leurs rapports ordinaires avec ceux qui les emploient.

§ 7. — Engrais. — Amendement des terres.

36. Quels sont les divers engrais ou amendements dont l'agriculture fait usage dans le pays ?

Sauf de très rares exceptions, l'agriculture algérienne ne fait pas un emploi suffisant des engrais ; pour ce qui est des amendements, l'usage en est complètement proscrit. Les engrais employés sont les fumiers provenant des déjections des animaux.

37. La production du fumier est-elle suffisante ? Y a-t-il besoin d'y suppléer par l'achat d'engrais naturels ou artificiels ? En égard à la chaleur du climat et aux sécheresses prolongées, l'emploi des engrais artificiels peut-il avoir lieu sans inconvénient dans les terres non irrigables ?

La production du fumier serait insuffisante si l'emploi en était fait d'une manière régulière et normale ; lorsque la culture aura atteint la période intensive, il y aura lieu de recourir aux engrais naturels ou artificiels produits par l'industrie, mais l'emploi de ces engrais ne sera avantageux que dans les terrains irrigués.

38. Pour une étendue donnée de terres, combien a-t-on ordinairement de chevaux, d'animaux de l'espèce bovine, ovine, porcine, etc. ? Ce nombre est-il ce qu'il devrait être en égard à l'importance de l'exploitation ? Est-il suffisant pour donner la quantité de fumier nécessaire ? S'il ne l'est pas, quelles sont les circonstances qui s'opposent à ce qu'il atteigne la proportion voulue ?

Ce nombre est essentiellement variable et généralement au-dessous de ce qu'il devrait être. S'il n'atteint pas la proportion voulue, cela tient uniquement au manque de ressources des cultivateurs. C'est toujours la question de crédit agricole qui se représente et s'impose.

39. Quels sont les frais que l'agriculture a à supporter pour l'achat d'engrais naturels ou artificiels ? Trouve-t-elle à cet égard des facilités et des garanties suffisantes ? Que pourrait-il être fait pour augmenter ces facilités et ces garanties ?

L'agriculture algérienne ne fait pas encore usage d'engrais autres que le fumier de ferme.

40. N'y aurait-il pas avantage à améliorer la qualité de certains sols et à augmenter leur force de production par le chaulage, le marnage et autres amendements ? Y aurait-il des difficultés ou de trop grandes dépenses à faire pour se procurer ces matières ?

Nous sommes loin d'être parvenus à la période de culture où les amendements sont d'un emploi avan-

tageux ; d'ailleurs, la nature du sol, généralement ar-
gilo-calcaire, rend cette pratique inutile.

§. 8. — Autres charges de la culture.

11. Quels sont les frais accessoires que supporte la culture pour la construction et
l'entretien des bâtiments ruraux et leur assurance contre l'incendie ? Comment
ces frais se répartissent-ils entre les propriétaires des biens ruraux et ceux qui
les exploitent ?

La construction des bâtiments ruraux est une dépense de première nécessité qui doit précéder l'exploitation du sol, car, en Algérie, sans habitation sa-
lubre pour le colon et sans abri pour les animaux,
c'est la maladie, la mort et la ruine. Les frais de construction et d'entretien sont très onéreux, par suite
du haut prix des matériaux et de la main-d'œuvre
affectée aux travaux d'art.

Les primes d'assurance contre l'incendie sont de
1 fr. 50 par mille ; ces frais sont toujours à la charge
du propriétaire.

12. Quelles sont les charges qu'imposent aux cultivateurs l'assurance de leurs
récoltes contre l'incendie ou la grêle et l'assurance contre la mortalité des
bestiaux ?

L'assurance des récoltes contre la grêle n'a pu être
établie dans l'arrondissement de Constantine par les
compagnies françaises, malgré les sollicitations les
plus pressantes de la part des colons. L'année dernière, pour la première fois, une de ces compagnies
consentit une pareille assurance, mais la prime exi-
gée par elle était si exorbitante que chacun préféra

rester son propre assureur en subissant les chances du fléau.

Il n'existe pas encore d'opérations d'assurance contre la mortalité des bestiaux.

Les cultivateurs peuvent faire assurer contre l'incendie leurs récoltes en meules, à raison de 1 fr. 50 pour cent.

43. Quels sont les frais d'achat et d'entretien du matériel agricole ?

Ces frais sont très considérables. Cet état de choses extrêmement fâcheux doit être attribué particulièrement aux frais de transport énormes dont sont grevés les instruments agricoles perfectionnés, qu'on est obligé de faire venir d'Europe.

44. Quelles sont les autres charges qui incombent à l'agriculture ?

En dehors des charges qui viennent d'être énumérées, il faut citer les suivantes :

1° Les frais de surveillance et de garde nocturne contre l'action des maraudeurs et des malfaiteurs indigènes qui n'ont aucun respect pour la propriété et se font un jeu d'attaquer les fermes isolées en brisant les clôtures ou en perçant les murs les plus solidement construits. Les chiens de garde qui sont un auxiliaire indispensable de cette surveillance, coûtent cher à nourrir et sont l'objet d'une taxe qu'il serait juste de supprimer ;

2° Les prestations en nature qui, sauf de très rares exceptions, ont été jusqu'à ce jour mal appliquées, alors pourtant que les chemins vicinaux et communaux font presque partout complètement défaut ;

3° Les taxes locatives sur des loyers qui, à vrai dire, sont basées sur une non-valeur, puisque les maisons rurales font partie intégrante de la propriété territoriale dont elles sont l'accessoire, à la différence des maisons d'habitation urbaines servant exclusivement à l'habitation et produisant des revenus propres. C'est une taxe à supprimer.

II.

CONDITIONS SPÉCIALES DE LA PRODUCTION AGRICOLE.

§ 9. — Procédés de culture. — Assolements.

45. Quels sont, aujourd'hui, pour la grande, la moyenne et la petite culture, les divers modes d'assolement, et particulièrement ceux qui sont le plus fréquemment suivis ?

Il n'y a jusqu'à ce jour aucun mode d'assolement régulièrement suivi, n'importe pour quelle espèce de culture. La jachère sèche alternative est généralement pratiquée pour les terres de labour. Cette jachère, outre qu'elle repose la terre est utilisée avec beaucoup de profit au printemps, pour les pâturages de la race ovine.

46. Quelle est l'étendue des terres affectées à chaque culture ? La proportion qui existe entre les différentes cultures est-elle motivée par la nature du sol et par la qualité des terres, ou est-elle déterminée par les facilités qu'offre le placement de certains produits ? Doit-elle être considérée comme étant la plus profitable au producteur, et si elle n'est pas ce qu'elle devrait être, quelles sont les circonstances qui mettent obstacle à ce qu'elle soit modifiée ?

Cette question ne peut être résolue que par la statistique officielle ; le Comice ne possède pas les éléments suffisants pour y répondre d'une manière suffisamment exacte.

47. Quels ont été, depuis 1845, les progrès accomplis et les améliorations réalisées dans la culture du sol ?

Ces progrès sont considérables et les améliorations nombreuses, mais ils n'ont pu être réalisés qu'à travers des difficultés et des obstacles sans nombre.

48. Dans quelle mesure les divers procédés agricoles se sont-ils perfectionnés ?

Le perfectionnement des divers procédés agricoles s'est effectué d'une manière lente, mais progressive et sûre. Cette lenteur doit être attribuée aux diverses causes énoncées aux questions qui précèdent ; les plus importantes sont, sans contredit, l'absence de toute institution de crédit agricole, les retards apportés à la constitution de la propriété individuelle indigène et le défaut d'unité dans la législation qui régit les transactions immobilières entre Indigènes et Européens.

§ 10. — Défrichements.

49. Quelle a été l'importance des travaux de défrichement opérés dans la colonie, et quel en a été le résultat ?

Dans quelle proportion les terres cultivables restant à défricher par les Européens se trouvent-elles à celles déjà mises en culture ?

Quel est en général le prix de défrichement par hectare des terrains couverts soit de palmiers-nains soit de broussailles ?

Dans quelles limites pourrait-on autoriser les défrichements par l'emploi du feu, afin de concilier les intérêts forestiers et ceux des cultivateurs Européens et Indigènes ?

Dans l'arrondissement de Constantine, il n'y a pas à proprement parler des travaux de défrichement à faire, car toutes les terres arables y sont dépourvues de palmiers nains et de brouissailles. On se contente de *défoncer* le terrain à une profondeur de 0m40 à 0m60 lorsqu'on veut le complanter en vigne.

50. Quelle est l'étendue des terres cultivées et des terres incultes ?

Question de statistique agricole à résoudre par l'administration.

51. Quelles sont les causes qui se sont opposées, jusqu'à présent, à ce qu'elles aient été mises en valeur ?

Quelle est dans la colonie la proportion des communaux ou terrains de parcours par rapport aux propriétés exploitées par les Européens et les Indigènes ? Dans le cas où ces terrains seraient susceptibles de culture, y aurait-il avantage à les aliéner ?

Chez les Européens, c'est le manque de capitaux ; chez les indigènes, c'est l'état de communisme où ils sont maintenus.

Les communaux ne sont pas affectés à leur véritable destination ; au lieu de servir au parcours des animaux appartenant aux habitants de la commune, ils constituent une source de revenus communaux au moyen de locations faites à des particuliers.

D'un autre côté, si on laissait ces terrains à leur affectation régulière, ils seraient envahis par les troupeaux de quelques-uns au détriment du plus grand nombre, surtout les plus éloignés du village. C'est ce qui a fait adopter le système des locations dont tout le monde profite également.

Ce qu'il y aurait de mieux à faire, serait d'aliéner les terrains en question, sauf ceux qui sont compris dans la zone la plus rapprochée du centre de population.

§ 11. — Desséchements.

52. Quelle a été l'étendue des dessèchements opérés depuis l'occupation et quel en a été le résultat ?

Quelle est l'importance des travaux de même nature restant à faire ?

N'y aurait-il pas avantage à dessécher les lacs salés pour en livrer les terres à l'agriculture ?

Cette question est de la compétence du service des Ponts-et-Chaussées ; elle a, du reste, peu d'importance dans l'arrondissement de Constantine, en territoire civil.

§ 12. — Drainage.

54. Quelle est, dans la contrée, l'étendue des terres auxquelles le drainage pourrait être utilement appliqué ?

Les avantages du drainage, en Algérie, sont fort

contestables, et les études faites à ce sujet sont trop incomplètes pour permettre de formuler une opinion raisonnée. Ce qui est hors de contestation, c'est que cette opération qui, en Europe, n'est abordée par la culture intensive qu'à la faveur du prix extrêmement modique des tuyaux de drains et de la main-d'œuvre, est inaccessible à la culture algérienne, par une raison opposée. Jusqu'à preuve contraire, nous pensons que des rigoles d'écoulement pratiquées avec intelligence sur les terrains peu perméables et dépourvus de pente, sont suffisantes pour assainir le sol et pour lui rendre sa fertilité normale.

54. Quel a été jusqu'à présent le développement donné à cette pratique agricole? Quels en ont été les résultats?

Aucun développement.

55. Quelles sont les circonstances qui ont pu s'opposer à ce qu'elle prit plus d'extension?

Nous venons de le dire, le manque d'utilité réelle, et, dans tous les cas, les prix impossibles des tuyaux de drainage qu'on ne pourrait se procurer qu'en les faisant venir d'Europe, puisqu'il n'y a pas de fabrique en Algérie ; enfin, la cherté de la main-d'œuvre et le manque d'ouvriers d'art pour l'exécution des drains.

§ 13. — Irrigations.

56. Quel est l'état des irrigations dans la contrée? Sont-elles naturelles ou artificielles?

Dans l'arrondissement de Constantine, elles sont toutes naturelles.

57. Peut-on utiliser les irrigations d'hiver ? Sur quelle surface pourrait-on les prati-
quer ? Quel genre de culture les réclame ?

Quelle est aujourd'hui la superficie des terres irriguées ? par eaux courantes ou
de dérivation et par des norias ?

Sauf dans les années de sécheresse exceptionnelle,
les irrigations d'hiver pourraient être pratiquées avan-
tageusement, et ce, sur des surfaces variables suivant
la situation topographique des lieux. Les prairies naturelles se prêtent parfaitement à ces irrigations tem-
poraires, car en Algérie, ces prairies ne fournissent
qu'une coupe au mois de mai, et le terrain desséché
par les chaleurs de l'été se repeuple parfaitement
d'herbes fourragères au printemps suivant.

La superficie des terres irriguées ne peut être donnée exactement que par l'administration des ponts et
chaussées chargée du service hydraulique.

58. Quels sont les obstacles qui ont pu s'opposer à l'extension de la pratique des
irrigations dans les terres où elle serait utile ?

Le défaut de capitaux et aussi une sorte d'anarchie
dans la répartition des eaux sur le parcours des ri-
vières.

Une des opérations les plus profitables à la prospérité de la colonie serait la construction de barrages
propres à emmagasiner les eaux pluviales d'hiver, si
abondantes en Algérie. Des compagnies financières
pourraient en faire l'objet de spéculations très avan-
tageuses, car il est aujourd'hui reconnu qu'un terrain
décuple de valeur par cela seul qu'il devient irrigable.

59. Quelle influence favorable ou contraire le régime actuel des eaux peut-il exercer
sur le progrès des irrigations ?

La loi du 16 juin 1851 (art. 2), en attribuant au

Domaine public, en Algérie, la propriété de tous les cours d'eau et *de toutes les sources*, paralyse l'activité des propriétaires qui seraient tentés d'améliorer ou d'aménager les sources existantes sur leur fonds et même de faire des travaux de recherche pour créer des sources nouvelles ; il serait donc opportun d'effacer de la loi de 1851 la disposition trop absolue qu'elle renferme.

La formation de syndicats libres ou autorisés en vertu de la loi du 21 juin 1865, promulguée en Algérie, constitue le régime le plus largement libéral que l'on puisse désirer.

§ 14. — Prairies et cultures fourragères.

60. Quelle est, dans la contrée, l'étendue relative des prairies naturelles ?

Question de statistique.

61. Quel est le rendement moyen en fourrages des prairies naturelles ? Quel est le prix de vente de ces fourrages depuis dix ans ?

Dans l'arrondissement de Constantine, les prairies naturelles, même les mieux irriguées, ne fournissent qu'une coupe de fourrage dans le mois de mai ; après cette coupe, si les prairies sont irriguées avec intelligence et modération, elles donnent d'excellents pâturages durant la saison d'été et sans discontinuer jusqu'au mois de février, époque où elles sont complètement réservées pour la récolte de fourrage suivante.

Une prairie naturelle convenablement fumée et irriguée peut donner 50 quintaux métriques de bon fourrage sec ; mal entretenue, elle n'en donne pas plus de 20 quintaux de mauvaise qualité ; le rendement moyen est de 30 à 35 quintaux.

Le prix de vente est très-variable, suivant la distance du lieu de production au lieu de consommation. En moyenne, le fourrage s'est payé depuis dix ans au propriétaire à raison de 2 fr. les 100 kilog. sur pied.

62. Quelle est l'étendue relative des terres cultivées en prairies artificielles ?

Cette étendue est encore insignifiante.

63. Quels sont les frais de culture de ces prairies par hectare ?

Ces frais sont très considérables et c'est ce qui entrave ce genre de culture.

La luzerne est le genre qui offre le plus d'avantages, parce qu'une luzernière bien établie et bien entretenue peut durer de douze à quinze années ;

Parce que cette plante fourragère ayant une racine très pivotante, résiste parfaitement aux intempéries du climat ;

Parce qu'elle produit six et quelquefois sept coupes abondantes d'avril en octobre.

Il convient de porter à 1,000 francs ce que coûte à établir un hectare de luzerne dans les meilleures conditions possibles.

Les frais d'entretien annuels pour une luzernière de un hectare, sont les suivants :

1° Une couverture de fumier de ferme bien consumé, 250 quintaux métriques, transport, épandage et valeur du fumier...................... 125 fr.

2° Curage des rigoles d'irrigation, 1,000 mètres longitudinaux à 0,015............. 15

3° Fauchage, fanage, ratelage et mise en petits meulons, à raison de 25 fr. par coupe. 150

4° Transport à la ferme et mise en meules, à 20 fr. la coupe...................... 120

(Les luzernières doivent être placées à la distance la plus rapprochée possible de la ferme, afin de rendre moins dispendieux les frais de transport des fumiers et de la récolte. Nous admettons une distance de 200 mètres.)

Total des frais d'entretien et d'exploitation. 410 fr.

Il convient d'ajouter à cette dépense annuelle l'amortissement en 13 années des 1,000 francs de frais d'établissement, soit par année.................................. 140 fr.

64. Cultive-t-on dans la contrée d'autres plantes destinées à la nourriture des animaux, telles que choux, betteraves, navets, carottes, etc. ?

Quelle est l'étendue relative des terres employées à ces cultures? Quels sont leur rendement moyen et les frais qui leur incombent ?

Ces plantes fourragères sont très peu cultivées par suite des frais de main-d'œuvre considérables que leur culture comporte.

65. A-t-il été donné depuis un certain nombre d'années un développement sensible aux cultures fourragères et dans quelle proportion ?

Les cultures fourragères s'accroissent de jour en jour, mais dans une proportion beaucoup plus faible qu'elle devrait l'être.

66. Quel est le rendement moyen des terres cultivées en plantes fourragères des diverses espèces, trèfle, luzerne, sainfoin, betteraves, choux, etc., avec et sans irrigations ?

La luzerne est très rarement cultivée sans irrigations, et c'est un tort, car des expériences concluantes recueillies par le Comice agricole ont démontré que des luzernières établies sur un terrain fertile, défoncé à 0m50 de profondeur et muni d'une bonne fumure, étaient susceptibles de donner annuellement, avant les grandes chaleurs de l'été, deux très belles coupes et quelquefois trois, s'il venait à pleuvoir après la deuxième. La végétation herbacée disparaît complètement durant les mois d'été, mais elle reparaît dans toute sa vigueur aux premiers jours du printemps.

Un hectare de luzerne irrigué peut donner par année six coupes de 4,000 kil. de fourrage sec l'une, soit 240 quintaux métriques.

Eu égard aux frais d'entretien et d'exploitation, et à l'amortissement en treize années des 1,000 francs de frais d'établissement, ce fourrage qui constitue une substance alimentaire excellente pour les animaux des races bovine et ovine, revient à 2 fr. 30 les 100 kil. mis en meule. On ne saurait donc en trop préconiser la culture.

67. Quel est le prix de vente de ces divers produits ?

Hormis les années où le foin est rare, la luzerne se vend peu, à cause du déchet qui résulte de la mise en balles. Presque toujours elle est consommée dans la ferme même où elle a été produite.

§ — Animaux.

68. Quels sont, pour les animaux de chaque sorte : chevaux, mulets, ânes, bœufs, vaches, moutons, porcs, les frais de toute nature que le cultivateur a à supporter pour dépenses d'achat, d'élevage, de nourriture, d'entretien, d'engraissement, etc. A quels prix les animaux de chaque espèce lui reviennent-ils et à quels prix se vendent-ils ?

Les Arabes disposant, à l'exclusion des Européens, des immenses étendues de terrains de parcours dont la province est si riche, font à peu près seuls l'élevage des animaux de toute sorte ; mais ils se livrent à cette industrie avec une incurie déplorable, et qui pis est, incurable. Dans les années de sécheresse, alors que la terre est complètement dénudée, leurs troupeaux périssent exténués par la faim et la maladie, et pendant les hivers rigoureux, cette mortalité se reproduit plus effroyable encore, faute d'abris et d'approvisionnements. Dans ces circonstances calamiteuses, les marchés se couvrent d'animaux étiques que leurs possesseurs offrent à vil prix. L'été dernier, des moutons et des brebis se sont vendus jusqu'à 2 francs par tête, couramment à 5 et 6 francs, alors qu'en temps ordinaire le prix varie entre 12 et 20 francs. Le nombre d'animaux qui ont péri de faim et de froid, depuis un an, dans la province de l'Est, est incalculable. Pour la race ovine seulement, on serait au-dessous de la vérité en l'évaluant à 60 p. %.

Pour ce qui est des Européens, ils font peu d'élevage, faute de terrains de parcours ; ils se contentent de choisir sur les marchés et d'acheter aux Indigènes les animaux qui leur paraissent les plus propres à l'engraissement, et ils pratiquent cette industrie d'une manière économique et très-avantageuse,

grâce à la rusticité remarquable des races du pays
qui peuvent se passer des soins de la stabulation.

Généralement, le colon qui se livre à cette spéculation achète la viande maigre à raison de 25 à 30 fr.
les 100 kil. sur pied, et il la vend, en état de graisse à
raison de 40 à 50 fr., suivant les saisons.

69. Y a-t-il amélioration dans la quantité et la qualité des animaux ? Quels changements se sont opérés à cet égard depuis l'occupation, soit par le choix des races,
soit par leur perfectionnement, soit par de meilleurs procédés d'élevage ou d'engraissement ?

D'après ce qui vient d'être dit, il n'y a progrès que
sous le rapport de la qualité des animaux.

Pour ce qui est de l'introduction de races étrangères ou même de croisements, des essais plus ou moins
intelligents ont été pratiqués, mais, quoi qu'on puisse
en dire, sans succès réel, à l'exception toutefois des
vaches laitières, parce qu'elles sont soumises à un régime alimentaire exceptionnel.

La nature, dont les lois se régularisent fatalement
en dépit de l'homme, a peuplé de races petites et rus-
tiques les pays chauds où le sol ne produit que de
l'herbe courte et rare trop souvent. Laissons donc
aux pays du Nord les races à haute stature qui ne
sauraient vivre en Algérie, et estimons-nous heureux
de celles que nous possédons, car elles ne le cèdent
à nulle autre sous le rapport des qualités favorables
soit au travail, soit à l'engraissement.

70. Quelles facilités nouvelles l'extension des cultures fourragères, sur les points où
elle a été constatée, a-t-elle procurées pour l'élevage du bétail et la production
des engrais ?
Achète-t-on pour les animaux des aliments non fournis par l'exploitation ?

Les agriculteurs, trop rares encore, qui se sont livrés aux cultures fourragères et en ont appliqué les produits à l'engraissement des animaux, comme complément des pâturages, y ont trouvé de très-beaux bénéfices, en même temps qu'un riche élément d'amélioration culturale, à l'aide des fumiers.

La grande et moyenne culture trouvent dans leur exploitation les aliments de toute sorte nécessaires à la nutrition des animaux de travail et de rente; mais les petits propriétaires sont parfois obligés de les acheter.

71. Quels obstacles les restrictions apportées au droit de pacage dans les forêts, qui étaient autrefois illimités sur les territoires occupés par les Indigènes, ont-elles opposé à la facilité de l'élève des espèces ovine et bovine et des troupeaux de chèvres ?

N'est-il pas trop rigoureux d'exclure des massifs susceptibles de protection les troupeaux de moutons ?

Quelle est la législation sur la vaine pâture ? Les usages locaux sont-ils conformes aux besoins des populations pour l'élève du bétail ?

Quels seraient les moyens les plus efficaces pour remédier aux imperfections existantes ?

Quels seraient les meilleurs moyens à employer pour amener les Indigènes à soustraire leurs troupeaux à la mortalité, souvent causée par le défaut de nourriture et d'abri pendant la mauvaise saison ?

Quelles sont les causes pour lesquelles les efforts tentés dans ce but ont eu si peu de résultats ?

Les sécheresses périodiques sont le fléau le plus redoutable pour l'Algérie.

L'histoire nous apprend que du temps de l'occupation romaine ce fléau était presque inconnu, parce que, à cette époque, le pays était couvert de riches forêts qui alimentaient les sources et entretenaient l'humidité dans les régions soumises à la culture. Depuis l'invasion de la race arabe, ces contrées que leur fertilité avait fait appeler le grenier d'abondance de

Rome, ont été successivement déboisées par le feu et par la dent des troupeaux. Ces dévastations forestières ont amené les modifications climatériques dont l'Algérie a aujourd'hui tant à souffrir.

Depuis l'occupation française, ce même régime dévastateur et barbare a été, sinon protégé, du moins toléré par le gouvernement de la colonie, malgré les protestations énergiques de l'Administration des Forêts, qui a vaillamment fait son devoir, et les plaintes mille fois répétées des colons et de la presse algérienne.

Cette tolérance basée sur une protection irréfléchie de ce que l'on croit être les intérêts des Indigènes, devait infailliblement tourner à leur ruine, car la science a des lois immuables qu'on ne viole jamais impunément. On a donc lieu de s'étonner que la question qui nous occupe ait été formulée dans des termes qui impliquent une sorte de transaction entre la protection due au régime forestier de l'Algérie et l'exercice de prétendus droits de pacage et de parcours exercés traditionnellement par les Indigènes dans les forêts des territoires qu'ils occupent. Aussi, notre réponse sera-t-elle courte et catégorique ; la voici :

Partout où l'élément forestier peut avoir pour effet d'augmenter le débit des sources, c'est-à-dire d'améliorer le régime hydraulique de la contrée, il faut le protéger de la façon la plus énergique et la plus absolue contre l'action pernicieuse des Indigènes et de leurs troupeaux ;

Partout où il peut être utile d'opérer le reboisement des sommets dépeuplés, il faut entreprendre cette opération régénératrice à l'aide des procédés les plus rapides et les plus économiques ; dans beau-

coup de localités, il suffira d'imposer aux Indigènes
la même prohibition, pour que le repeuplement s'o-
père de lui-même.

En conséquence, il faut, sans plus tarder :

1º Constituer le domaine forestier de l'Algérie en
vue d'une transformation climatérique du pays ;

2º Appliquer à ce domaine un règlement spécial
où seront édictées les dispositions les plus efficaces
et les peines les plus sévères pour assurer la bonne
police et la conservation des bois et forêts.

Nous nous permettrons de recommander à l'atten-
tion du gouvernement le projet dressé et présenté en
1861 par M. de Cherrier, inspecteur faisant fonctions
de conservateur des forêts, aujourd'hui chef du service forestier de la province de Constantine. Ce fonc-
tionnaire a déterminé avec une remarquable préci-
sion les droits de l'Etat, mis en regard des prétendus
droits qu'une condescendence aveugle tendrait à
maintenir en faveur des Indigènes. Guidé par un sentiment d'humanité et de conciliation qui n'enlève rien
à la fermeté de ses principes en cette grave matière,
il propose d'abandonner en toute propriété aux Indigènes, pour le parcours de leurs troupeaux, les terrains boisés de broussailles clairsemées situés dans
des bas-fonds, par conséquent sans influence sensible
sur les phénomènes hygrométriques ; mais, par contre, il réclame le respect le plus absolu pour le domaine forestier proprement dit.

Le seul moyen de soustraire les troupeaux des Indigènes à la mortalité causée par le défaut de nourriture et d'abri pendant la mauvaise saison, est la vue
des moyens efficaces mis en pratique par les colons
européens ; l'exemple fera mieux que les prédications
officielles poussées jusqu'aux mesures coercitives.

Qu'on favorise donc le mélange des races, au lieu de les maintenir séparées ; que l'on se hâte de constituer la propriété individuelle, et l'on verra partout les abris s'élever comme par enchantement. Comment espérer, en effet, qu'un homme sensé puisse bâtir, même un méchant gourbi, sur un terrain dont il n'a que l'usage précaire et qui deviendrait l'objet de la convoitise d'un chef ou d'un protégé, par cela seul que son possesseur l'aurait amélioré ?

72. Existe-t-il un écart trop élevé entre le prix du bétail sur pied et celui de la viande au détail? A quelles causes doit-on attribuer cet écart ?

Cet écart qui était élevé, il y a quelques années, tend à se régulariser de plus en plus ; à Constantine particulièrement, cette réduction progressive doit être attribuée à la concurrence que se font les marchands bouchers, notamment à celle que les bouchers indigènes font aux bouchers européens, et, en outre, à l'exportation des animaux de boucherie qui prend tous les ans une extension croissante et qui, en assurant un débouché aux producteurs , maintient à un prix normal la viande sur pied.

73. Quel parti les cultivateurs tirent-ils des autres produits provenant des animaux de la ferme, tels que les laines, le beurre, le lait, les fromages, etc. ?

Ils vendent les laines pour l'exportation ; quant aux beurre, lait et fromages, quelques-uns les livrent à la consommation locale, le plus grand nombre les utilisent pour l'alimentation de leur ménage et de leur ferme.

74. Quelles ressources les cultivateurs trouvent-ils dans l'élevage de la volaille ?

Des ressources importantes, mais se bornant, en général, aux usages personnels. Il serait à désirer que l'élevage de la volaille qui réussirait admirablement en Algérie, se fît comme spéculation ; l'alimentation locale s'en trouverait bien, et tout porte à croire que durant les mois d'hiver, l'exportation procurerait des résultats avantageux.

§ 16. — Céréales.

75. Quelle est, dans la contrée, l'étendue des terres cultivées en céréales des diverses espèces ?
En froment (blé tendre et dur) ?
En seigle ?
En orge ?
En maïs ?
En avoine ?
En sorgho ?

Question de statistique du ressort de l'administration.

76. Quels sont, pour chacune de ces céréales les frais de culture d'un hectare de terre ?

Ces frais sont naturellement subordonnés au genre de culture plus ou moins perfectionnée mis en pratique. Nous avons déjà dit que le peu de valeur des terres, et la cherté de la main-d'œuvre excluaient encore pour les céréales la culture intensive basée sur des assolements ; que la jachère alternée, utilisée par le pâturage des moutons ou brebis, paraissait offrir les résultats les plus avantageux ; mais

ce n'est pas à dire, pour cela, que la partie ense-
mencée ne doive pas être l'objet d'une culture
soignée : les labours profonds pratiqués assez tôt pour
permettre aux rayons du soleil et à l'atmosphère
ambiante de pénétrer la terre fortement divisée par
la charrue, équivalent, dans ce pays, à une demi-fu-
mure ; aux premières pluies d'automne, les mottes
qui subsistent s'émiettent en poudre ; on jette alors
la semence sur ce sol ainsi ameubli ; on la couvre,
au moyen d'une petite charrue attelée de deux bêtes,
en faisant suivre la herse pour compléter la couverture du grain et ratisser le sol, afin de permettre la
moisson à la faulx. Tel est le mode le plus simple et
le plus sûr. Dans de pareilles conditions, toute culture accessoire est inutile, à l'exception toutefois du
roulage, qu'il est bon d'opérer partout où l'excès de
pente ne l'empêche pas.

Pour ce qui est de l'indigène, voici comment il
pratique la culture des céréales.

Il jette la semence sur le sol non préparé et la
couvre par un premier, un unique labour ; puis il
confie le sort de la récolte à la garde du Prophète
jusqu'à la moisson. Sa charrue est l'instrument le
plus grossier et le plus primitif qu'il soit possible d'i-
maginer, et l'attelage consiste invariablement en une
paire de bœufs, de mulets ou de chevaux, presque
toujours sans vigueur. Le laboureur règle lui-même
son instrument de façon à ce qu'il harponne le sol en
guise d'ancre, sans dépasser jamais une pénétration
de 6 à 10 centimètres ; de cette sorte, au lieu d'ap-
puyer sur le mancheron pour faire un travail uni-
forme et couper les plantes parasites, d'une main il le
maintient latéralement le plus loin possible de son
corps, et de l'autre, à l'aide d'un bâton pointu, il

excite sans cesse l'ardeur rebelle de ses maigres compagnons de labeur. Il sait éviter avec une merveilleuse prestesse les obstacles de toute nature, susceptibles d'entraver la course capricieuse du soc, particulièrement les chardons à larges feuilles (artichauts sauvages), probablement parce qu'il en fait un de ses aliments de prédilection.

77. Quel est le détail de ces différents frais chez les Européens et chez les Indigènes?
>Pour les labours?
>Pour le hersage?
>Pour le roulage ?
>Pour le coût des semences ?
>Pour le prix de l'ensemencement?
>Pour les façons d'entretien ?
>Pour la moisson ?
>Pour la rentrée des grains ?
>Pour le battage, nettoyage etc. ?

Le détail de ces frais, par hectare, est le suivant chez les Européens :

Pour les labours, le premier 40 francs, le second, 20 fr.

Pour le hersage, 5 fr.;

Pour le roulage, 5 fr.;

Pour le coût des semences, année moyenne, 24 fr. pour le froment ; 12 fr. pour l'orge ;

Pour le prix de l'ensemencement, 5 fr.;

Pour les façons d'entretien, néant ;

Pour la moisson, y compris la mise en javelles, 30 fr.;

Pour la rentrée de la gerbe, 15 fr.;

Pour le battage, nettoyage, etc., 30 fr.

Total, 168 francs.

Pour les indigènes, ces frais sont de 35 à 40 p. %/o moins élevés.

78. Quel est le rendement par hectare pour chacune de ces espèces de céréales depuis dix ans (cultures européennes et indigènes)?

Ce rendement est le suivant :

	Cultures européennes.	Cultures indigènes.
Froment....	12 quintaux	5 quintaux.
Orge	14 —	6 —

Cette proportion est basée sur les récoltes favorisées par une pluie suffisante à la végétation, mais l'écart est d'autant plus sensible que la pluie fait davantage défaut. Dans ce cas, en effet, la terre à peine égratignée par la charrue arabe n'offre aucune résistance à l'action de la sécheresse, tandis que les labours profonds de la charrue européenne y maintiennent une humidité bienfaisante.

79. La production des céréales de chaque espèce a-t-elle augmenté dans une proportion sensible depuis trente ans ? S'il y a eu augmentation, à quelles causes doit-elle être particulièrement attribuée ? L'importation d'espèces nouvelles de céréales donnant un rendement plus considérable a-t-elle contribué dans une mesure un peu importante au progrès de la production ?

L'augmentation est très sensible ; elle doit être attribuée aux exportations sollicitées par la législation douanière et aux progrès naturels de la colonisation.

Les cultivateurs indigènes et européens n'emploient que des semences du pays ; des essais de culture de blé tendre ont été faits sans succès dans l'arrondissement de Constantine. Bien mieux, du blé tendre semé de récolte en récolte pendant trois ans, change de nature et devient du blé dur.

80. Quels ont été les prix de vente des diverses espèces de céréales et les variations que ces prix ont pu subir depuis dix ans ?

Depuis que la législation douanière de l'Algérie permet l'exportation des céréales, on peut dire que le cours des grains indigènes sur les marchés de production, sont réglés par les cours de la place de Marseille diminués des prix de transport et accessoires ainsi que du bénéfice des négociants exportateurs, bénéfice toujours modéré par la concurrence.

L'écart ne peut manquer de diminuer encore au profit du producteur, par suite de l'abaissement du fret, améné par la concurrence des transports maritimes et de la création du chemin de fer de Constantine à la mer, qui est appelé à mettre fin à la coalition du roulage.

81. L'emploi des épargnes du cultivateur à la formation de petites réserves de grains a-t-elle lieu chez les Européens ? Se pratique-t-elle chez les Indigènes ?

Ces réserves ne se pratiquent ni chez les uns, ni chez les autres ; seulement, l'Européen a toujours des épargnes pécuniaires, et, à défaut, des ressources qui lui permettent de traverser les époques de crise ; finalement, il lui reste son travail manuel qui le fait vivre, tandis que l'imprévoyance absolue de l'indigène et sa paresse constitutionnelle le mettent à la merci d'un évènement calamiteux. Avant l'occupation française, sous le régime de la féodalité *réelle*, les khammès et fellahs recouraient, en temps de disette, aux silos de leurs chefs, et ceux-ci les ouvraient, autant pour subvenir à la conservation de leurs serfs, que dans la crainte de payer de leur tête un refus égoïste. Ces mêmes chefs, aujourd'hui salariés, laissent stoïquement la famine faire son œuvre. Que craindraient-ils ? Leurs silos sont sous la garde du soldat français et sous la protection des conseils de guerre.

82. La qualité des différentes sortes de céréales s'est-elle améliorée par suite d'une culture plus soignée? Le poids d'un hectolitre de grains de chaque espèce s'est-il accru depuis vingt ans, et dans quelles proportions?

Sans nul doute, une culture plus soignée a amené une amélioration dans la qualité des céréales et, par suite, une augmentation dans le poids ; mais ce progrès est limité à la culture européenne ; pour ce qui est des indigènes, stimulés par les hauts prix du commerce, ils ont surmené les terres par des cultures successives et superficielles, sans se préoccuper du choix de la semence ; de là une dégénérescence dans les qualités de grains qu'ils produisent.

83. Quel parti les cultivateurs tirent-ils de leurs pailles ? Quelle est la portion qu'ils en utilisent dans leur exploitation et celle qu'ils peuvent livrer à la vente ?

Les cultivateurs européens emploient leurs pailles à l'alimentation de leurs animaux ou à la litière ; quelques-uns les vendent à l'administration de la guerre au grand détriment de leur exploitation.

Les indigènes, ainsi que nous l'avons déjà dit, ont la funeste habitude de couper la paille près de l'épi, de sorte que les trois quarts reste sur le sol ; aussi ne font-ils jamais ni litière ni fumier ; la partie extraite du battage est consommée par leurs animaux, lorsqu'elle n'est pas vendue sur les marchés des villes.

§ 17. — Cultures alimentaires autres que les céréales proprement dites.

84. Quelle est, dans la contrée, l'étendue des terres cultivées en plantes alimentaires autres que les céréales proprement dites ?
En pommes de terre et patates ?
En légumes secs ?
En légumes frais ?

Question de statistique.

85. Quels sont, pour chacun de ces produits, les frais de culture d'un hectare ?
Quel est le détail des différents frais pour chaque nature des produits ?

Ces frais varient essentiellement, suivant que la culture est pratiquée à la charrue, comme chez les colons qui opèrent sur de grandes surfaces, ou au crochet, chez les maraîchers.

La culture à la charrue revient, tous frais compris, à 500 fr. l'hectare environ.

86. Quel est le rendement de chaque produit ? Quelles sont les variations que ce rendement a pu éprouver depuis dix ans ?

Les pommes de terre ne sont guère cultivées que sur des terrains irrigables ; les produits obtenus sont très variables, car ils dépendent des soins apportés à la culture, ainsi que du choix de la semence et du terrain. Ces produits sont en moyenne de 30,000 kil. par hectare ; nous connaissons des propriétaires qui ont obtenu jusqu'à 50,000 kilogrammes de très belles pommes de terre et d'excellente qualité.

87. Quels sont les prix de vente de chaque produit et les changements que ces prix ont pu subir aussi depuis dix ans ?

Les prix de vente des pommes de terre varient suivant les saisons. Ils sont, en moyenne, de 15 fr. les 100 kilog.

88. Leur production a-t-elle varié d'importance, et pour quelles causes ?

La production des pommes de terre augmente tous les ans d'une manière sensible.

89 Quelle est l'étendue des terrains cultivés en plantes industrielles de toute nature ?
En betteraves ?
En graines oléagineuses, colza, arachides, ricin et autres ?
En plantes textiles, coton, lin, chanvre, china-grass, etc ?
En tabac ?
En plantes tinctoriales, garance, safran, etc. ?

Sauf quelques essais dont les résultats n'ont pas été encourageants, on peut dire que la culture des plantes industrielles n'est pas encore pratiquée dans l'arrondissement de Constantine. Le Comice agricole n'a donc pas à s'occuper aujourd'hui des questions relatives à ce genre de culture.

94. Quelle est l'importance de la fabrication des alcools ?

Même observation que pour les cultures des plantes industrielles. Il a été fondé en 1857, dans l'arrondissement de Constantine, deux distilleries qui devaient être alimentées par la culture en grand du sorgho sucré. Mais ces entreprises ont échoué de la manière

la plus complète. Il y a lieu de croire que l'alcooli-
sation des grains serait susceptible de donner des résultats avantageux dans les années où l'orge se vendrait
à son prix normal, soit 10 francs les 100 kil. Mais,
même dans ces circonstances favorables, il faudrait
tenir compte de la température de l'été trop élevée
en Afrique pour une fermentation régulière, et limi-
ter la fabrication à sept mois de l'année.

95. Quels ont été les progrès réalisés dans cette industrie ?

Nuls.

96. Quelle est l'étendue des terres cultivées en vignes, cépages noirs et cépages
blancs ?
Cette culture est-elle en progrès ? en cas d'arrêt, quelles en sont les causes ?

La statistique officielle seule, peut répondre d'une
manière précise à la première question.

Il y a progrès très sensible dans cette culture. Depuis huit ou dix années, il s'est fait dans la province
d'immenses plantations. La vigne vient très bien en
Algérie, surtout dans les terrains distants de 15 à 20
lieues du littoral. Il ne saurait en être autrement, car
cette plante est originaire de l'Asie-Mineure située
comme le Nord de l'Algérie, entre les 34me et 36me
degrés de latitude. Mais si l'Asie-Mineure, jadis si re-
nommée par la quantité et l'excellence de ses vins,
est aujourd'hui privée de cette source inépuisable de
richesses par le régime du Coran, tout porte à croire
que les colons européens de l'Algérie sauront l'exploiter.

97. Quelles sont les modifications qui ont pu être apportées depuis trente ans à cette culture ?
Quelles sont les causes de ces modifications ?

97. Quelles sont les modifications qui ont pu être apportées depuis trente ans à cette culture ?
Quelles sont les causes de ces modifications ?

Il y a trente ans, quinze ans même, nul ne songeait à s'occuper de viticulture dans l'arrondissement de Constantine ; les modifications que cette culture a subies depuis et qu'elle doit subir encore, sont celles que commandent les leçons de l'expérience dans un pays nouveau. On peut les résumer ainsi :

Installer un matériel mieux assorti et plus complet ; — créer des caves aussi fraîches que possible ; — procurer aux vins plus de couleur et plus de tannin ; — les coller et les soutirer plusieurs fois pour les débarrasser du ferment qui se maintient toujours dans les produits du pays et qui occasionne infailliblement, à une température ambiante de 20 ou 25 degrés, une deuxième fermentation dont l'effet est de transformer l'alcool en acide acétique.

L'expérience a constaté que du vin collé et soutiré deux fois dans un an, en mars et en août, et gardé dans une cave à température *constante,* se conserve pendant plusieurs années sans tourner à l'aigre. Il y a même lieu de remarquer que le vin ainsi traité est suffisamment rassis en deux années de futaille et peut être alors mis en bouteilles pour être consommé quatre ou cinq mois après.

98. Quelles sont les principales espèces cultivées et quelle est la nature et la qualité des vins récoltés ?

Presque tous les cépages connus en France sont cultivés ici; chaque planteur a fait venir les espèces de son pays les croyant supérieures aux autres. Mais les cépages du Midi de la France sont ceux qui ont le mieux réussi. Ce sont, en qualités ordinaires : l'Ouillade, le Morvède, le Mourestel, le Terré noir, l'Aramon, le Piquepoul et le Grenache ; et comme cépages très fins à planter sur les coteaux : le Pinot, le Spiran et le Spar.

99. Des progrès ont-ils été réalisés, soit par un meilleur choix des cépages, soit par des améliorations introduites dans les procédés de culture ?

Chaque cultivateur a pu se rendre compte, dès les premières récoltes, de ce qui manquait à son vin et a dû, par addition de nouveaux cépages en quantité convenable, chercher à obtenir plus d'alcool, plus de couleur ou plus de tannin selon que ses produits manquaient plus ou moins de l'un ou de l'autre de ces éléments essentiels.

100. Les procédés de fabrication des vins se sont-ils améliorés ?
Sont-ils ce qu'ils doivent être au point de vue de la qualité et de la conservation ?

Les procédés de fabrication des vins se sont sensiblement améliorés, mais il reste encore beaucoup à faire à ce sujet. Tout porte à croire que l'expérience éclairée par les études récentes des œnologues français, permettra bientôt aux vignerons algériens de donner à leurs produits les qualités de goût et de conservation dont ils sont susceptibles.

101. Quels sont les frais de culture des terres plantées en vigne, par hectare ?
Quel est le détail des divers travaux que nécessite la culture de la vigne et des frais auxquels donne lieu chacun de ces travaux ?

Ces frais varient beaucoup selon les localités et le genre de culture.

En voici le détail calculé sur une moyenne :

Un piochage au crochet...........	180 fr.
Un binage......................	40
Taille..........................	80
Soufrage et garde...............	80
Vendange	40
Frais de vinification, collages et sou-tirages........................	70
	490 fr.

Là où l'on peut substituer la charrue au crochet, il y a lieu de diminuer des trois cinquièmes les frais de piochage et de binage. Dans ce cas, le chiffre de 490 fr. se réduit à 358 fr. Mais le travail est loin d'être aussi bon, et le rendement ne peut manquer de s'en ressentir.

Il convient d'estimer à 600 francs par année et par hectare de vigne en pleine production, les intérêts du capital représenté par les locaux, cuves, futailles et pressoir affectés à l'exploitation.

102. Quel est le rendement par hectare et quelles sont les variations que ce rendement a éprouvées depuis dix ans?

Le rendement est en rapport avec le choix de la terre et de son exposition, avec le choix des cépages plantés, avec la profondeur des défoncements qui ont précédé la plantation, et enfin avec les soins donnés à la culture. Il faut tenir compte aussi des déprédations commises soit par les Arabes, soit par les chacals, les chiens, les oiseaux et autres animaux nuisibles.

Pour ce qui est du rendement, nous connaissons à

Constantine un propriétaire qui fait produire 80 hec-
tolitres de très bon vin de conservation par hectare de
vigne de dix ans d'âge plantée en fossés et composée
comme suit :

Aramon.........	2.000	pieds.
Terré noir......	1.500	—
Mourestel	1.500	—
Grenache	1.000	—
Total.......	6.000	pieds.

103. Quels sont les prix de vente des vins et quels changements ont-ils subis
depuis dix ans ?
Le placement des vins des diverses qualités est-il facile sur place ? Fait-on
des exportations ?

On n'a fait encore aucune exportation des vins de
la province.

Sur place, on trouve difficilement à vendre les vins
fins, sans doute, parce qu'on leur préfère les vins
de France ornés d'une étiquette de cru à réputation ;
mais les bons vins ordinaires sont facilement vendus
à raison de 50 centimes le litre.

104. Quelle est la situation de la vigne chez les Indigènes et notamment chez les
Kabyles?
Quel usage font-ils des raisins ?
Ne serait-il pas possible de les amener à modifier leurs cépages en vue de
la fabrication du vin ?

Les Indigènes, les Kabyles même, ne cultivent la
vigne que d'une manière très restreinte et seulement
pour produire des raisins à l'usage de la table.

Jamais on n'obtiendra du Musulman qu'il fasse cette
culture pour fabriquer lui-même le vin ; les préceptes

du Coran l'en empêcheront ; d'ailleurs, l'intelligence nécessaire lui ferait défaut.

Toutefois, il serait peut-être possible de l'amener à modifier les cépages en vue de la fabrication du vin, s'il trouvait par là un débouché plus avantageux de ses produits vendus aux Européens, à l'état de fruit.

§ 21. — Culture des arbres à fruits.

105. Quelle est l'importance de la culture des arbres à fruit en général et particulièrement de l'oranger, du citronnier et de ses congénères ?

Il n'est pas de propriétaire européen qui n'ait créé sur sa ferme un verger susceptible de lui fournir les fruits nécessaires à sa consommation. Un certain nombre de ces vergers sont assez importants pour alimenter convenablement le marché de la ville.

Sauf quelques localités jouissant d'une exposition exceptionnelle qui les met à l'abri des gelées de l'hiver et du printemps, dans l'arrondissement de Constantine l'altitude est trop élevée pour permettre la culture de l'oranger, du citronnier et de ses congénères.

106. A quels frais donne lieu cette culture dans une exploitation d'une étendue déterminée et quels profits en tire le cultivateur ?

Pas de réponse à faire.

107. Quels sont les prix et le mode de vente de ces produits ?

Les fruits de table se vendent sur les marchés de

consommation locale, à un prix toujours relatif à l'a-
bondance de la récolte.

108. Quelle est l'importance des plantations d'oliviers, d'amandiers, de figuiers, etc.?
En ce qui concerne spécialement les oliviers, indiquer les améliorations apportées jusqu'à ce jour à cette culture et celle dont elle est susceptible ?
Quelles variétés d'olives récolte-t-on ? Quelles seraient les espèces dont il pourrait être utile de favoriser l'introduction en Algérie ? Quels sont les procédés de
fabrication ?

Dans l'arrondissement de Constantine, il n'existe
pas à l'état forestier des massifs d'oliviers qui, livrés
à la colonisation, aient été greffés et cultivés comme
cela a eu lieu sur de grandes étendues, dans les ar-
rondissements de Philippeville, de Bône et de Guelma ; ici l'olivier ne prospère que dans des terrains
abrités et irrigués. On ne le trouve généralement que
dans des jardins possédés depuis un temps immémo-
rial par des Indigènes.

109. Quels sont les frais, quel est le rendement de ces cultures dans une exploitation
d'une étendue déterminée ?
Quels sont les prix de vente des produits?

Les frais occasionnés par la culture de l'olivier en
plein rapport sont insignifiants.
Les olives se vendent à raison de 16 francs les
100 kil., rendues à l'usine où l'huile se fabrique.

110. Quelle est l'importance de la culture des fruits destinés à l'alimentation et qui
sont consommés frais ou conservés ?

Voir la réponse à la question n° 105.

§ 22. — Sériciculture.

111. Quelles sont actuellement les conditions de la culture des mûriers et de l'éducation des vers à soie ?

Cette industrie encouragée pendant quelques années par la Chambre de commerce de Constantine, a été abandonnée à peu près complètement depuis l'année 1863.

112. Y aurait-il des mesures à prendre pour développer ces deux branches de l'industrie séricicole ? Dans ce cas, les indiquer.

La première des conditions essentielles à la prospérité d'une industrie locale, est d'assurer aux produits des débouchés faciles et avantageux.

Il est certain que s'il se fondait à Constantine une filature de soie qui, tout en réalisant des bénéfices légitimes, payât les cocons à un prix suffisamment rémunérateur, les éducateurs ne manqueraient pas, car, dans ce pays, le mûrier prospère admirablement.

C'est là, croyons-nous, la seule mesure à prendre pour rescusciter cette industrie.

113. Quelle est la diminution de revenu causée dans la contrée par la maladie des vers à soie ?

La maladie des vers à soie n'a contribué que d'une façon secondaire à l'abandon de l'industrie séricicole.

114. Quelles réductions ont eu lieu, pour cette cause, dans le nombre et dans l'importance des établissements spécialement affectés à l'éducation des vers à soie ou annexés aux exploitations rurales ?

Nous ne pensons pas, répétons-nous, que la maladie des vers à soie ait été la cause déterminante du résultat fâcheux qui vient d'être signalé.

115. Quelles sont les races de vers à soie qui, d'après les expériences faites, paraissent le mieux convenir à l'Algérie ?

Les races qui ont le mieux réussi, jusqu'à ce jour, sont celles des japonais jaune, vert et blanc.

§ 23. — Apiculture.

116. Quelle est l'importance de l'apiculture dans la Colonie ? Quels sont ses progrès et son avenir chez les Européens et chez les Indigènes ?

L'apiculture est encore peu pratiquée chez les Européens et c'est regrettable, car cette exploitation si simple et si peu coûteuse, est susceptible de donner d'excellents résultats. Chez les Indigènes, les possesseurs de ruches à miel sont plus nombreux, mais leurs procédés sont restés à l'état grossier et primitif.

§ 24. — Proportion des cultures et des produits cultivés.

117. Quelle est la proportion des recettes brutes en argent que donne chacun des produits ci-dessus énumérés ?
118. Quelle est cette proportion pour une exploitation prise comme type ordinaire du pays.

Ces deux questions de pure statistique échappent à l'analyse et ne sauraient comporter des réponses satisfaisantes.

III.

CIRCULATION ET PLACEMENT DES PRODUITS AGRICOLES.

DÉBOUCHÉS.

—

119. Quelles facilités et quels obstacles rencontrent l'écoulement et le placement des produits agricoles, leur circulation et leur transport ?

Dans la province de Constantine, sauf dans le district de Jemmapes qui a été l'objet d'une faveur toute spéciale, le défaut de viabilité a été jusqu'à ce jour un obstacle des plus sérieux à l'écoulement des produits agricoles. Il faut reconnaître pourtant que depuis l'institution des conseils généraux, cette branche des services publics s'est grandement améliorée; mais il reste encore beaucoup à faire, et il serait à désirer qu'il fut opéré une répartition plus équitable et plus utile des fonds provinciaux, dans leur application à la construction des routes; ainsi, on peut regarder comme un fait déplorable et comme une étrange anomalie que le chef-lieu de la province, où s'accumulent les produits d'une zone immense, n'ait été jusqu'à ce jour encore en communication directe qu'avec un des quatre chefs-lieux d'arrondissement, celui de Philippeville ; que la route de Bône à Constantine par Guelma et la riche vallée de l'Oued-Zénati ne soit pas encore achevée, et que celle de Sétif n'ait été livrée à la circulation que depuis le 1er avril courant, alors que du côté du littoral, certaines localités sont déjà pourvues d'une viabilité presque luxueuse.

Pour tout habitant de l'Algérie qui s'est préoccupé de cette question capitale de la viabilité, une solution bien simple se présente à l'esprit, c'est l'application du système de chemins de fer dits américains. Ce qu'il nous faut ici, c'est moins la grande vitesse, que l'économie dans les frais de transport et l'accès facile dans toutes les zones de production agricole.

Le système américain s'établissant sur les routes déjà construites, sauf quelques rectifications à faire dans les pentes excessives, pourrait être appliqué immédiatement sur une très grande étendue, avec une énorme économie ; on l'établirait également sur les routes nouvelles au fur et à mesure de leur création ; on obtiendrait ainsi avec un capital considérablement réduit et en très peu de temps, un réseau de voies ferrées susceptible de répondre largement aux besoins du pays. Il est inutile d'ajouter que la circulation ordinaire ne serait en rien gênée dans le parcours de ces voies, puisque la traction s'y opère au moyen de chevaux.

La ligne de Bône à Alger par Guelma, Constantine et Sétif est la plus importante et la plus urgente à créer. Ce serait, pour la province de l'Est, la grande artère du mouvement agricole à laquelle viendraient se relier tous les centres de colonisation créés ou à créer sur ce parcours de près de 200 lieues.

120. Quels sont les débouchés qui leur sont déjà ouverts et ceux qu'il serait possible de leur ouvrir encore?

Grâce à la législation douanière actuelle, les produits de l'Algérie une fois arrivés sur le littoral, trouvent des débouchés avantageux, mais ces débouchés, dans la Méditerranée, se bornent au littoral africain et à la France. Il est regrettable que les bateaux de la compagnie Valéry, qui desservent la ligne de Marseille en Corse et en Sardaigne, n'arrivent pas jusque dans les ports de notre province. Il en résulterait entre ces pays et l'Algérie un trafic important. Nous émettons le vœu que cette lacune soit comblée par cette compagnie ou par toute autre.

Les n°ˢ 121 et suivants, jusqu'à 130, ne présentent que des questions de statistique au sujet de la viabilité, c'est à l'administration qu'il appartient d'y répondre.

IV.

LÉGISLATION. — RÉGLEMENTS. — TRAITÉS

DE COMMERCE.

140. Les grains importés de France et de l'Etranger sont-ils venus depuis quelques années faire concurrence aux grains indigènes sur les marchés de la contrée? Dans quelle mesure? Quels ont été les effets de cette concurrence?

A moins que la récolte ne soit insuffisante à l'alimentation des habitants, ce qui n'arrive, dans la province de Constantine, que dans des années exceptionnellement calamiteuses, il ne se fait dans cette province aucune importation de grains.

Il arrive même que les deux autres provinces dont la production en céréales est ordinairement insuffisante, puisent leur alimentation complémentaire dans le superflu de la nôtre, et c'est ici le cas de signaler au gouvernement un abus qu'il serait juste de faire disparaître.

Les blés de provenance étrangère qui, mis en entrepôt en France, sont *réexportés* à l'état de farine, obtiennent, à titre de prime, le remboursement du droit qu'ils avaient payé à l'entrée, soit 1 franc ou 1 fr. 50 par hectolitre. Ces farines se présentent dans les ports des provinces d'Alger et d'Oran avec la faveur de leur prime, *comme dans des ports de pays étrangers*; il en résulte pour la minoterie algérienne un élément fâcheux de concurrence qui peut être qualifié d'abus, puisque les ports de l'Algérie ne sont que des ports français.

141. Quelle part l'Algérie a-t-elle prise au mouvement d'exportation des céréales à destination de la France et de l'Étranger ?

Question de statistique.

142. Quelles ont été les quantités de farine importées en Algérie depuis une période de dix ans ? Quel a été pendant le même laps de temps les quantités de blé exportées ? Quel effet ces opérations ont-elles pu avoir sur le cours des grains ?

Question de statistique.

143. Quelle action a pu exercer la législation douanière appliquée à l'Algérie au point de vue du placement, des prix de vente et des débouchés extérieurs des divers produits agricoles, savoir :

    Les céréales ?
    Les vins et spiritueux ?
    Le bétail ?
    Les laines ?
    Les légumes et les fruits frais ?
    Les graines oléagineuses ?
    Les plantes textiles ?
    Les plantes tinctoriales, etc., etc. ?

Sous l'influence de la législation douanière qui régit aujourd'hui l'Algérie, le mouvement des exportations et importations a pris un développement très considérable.

Les chiffres officiels proclamés naguère au Sénat par Son Exc. le Gouverneur général, nous dispensent de rien ajouter sur ce sujet. Au point de vue économique, il a été démontré que l'Algérie loin d'avoir été pour la métropole une cause de stériles sacrifices, a été pour elle, au contraire, une source de richesses. Que serait-ce donc, s'il était enfin donné à cette seconde France de prendre son libre essor !

144. Quelle influence cette législation a-t-elle pu avoir sur les prix de vente et de location des terres qui sont à portée de profiter des nouveaux débouchés extérieurs qu'elle a créés ?

Cette influence, toute salutaire qu'elle ait pu être, a été paralysée par le système déplorable qui régit la propriété territoriale en Algérie.

145. Quel a été l'effet de cette législation sur l'importation étrangère, et, par suite, sur le prix de revient des matières premières servant à l'agriculture, notamment :

    Les fers, et, par suite, les machines agricoles et les instruments aratoires ?

Les engrais ou autres substances servant à l'amendement des terres ?
Les étoffes et les vêtements, etc., etc. ?

La réduction sur le prix de revient a été :
Pour les fers, de 10 p. %;
Pour les machines agricoles et instruments aratoires, de 15 p. %;
Pour les étoffes et vêtements, de 5 p. %.
Nous avons déjà dit qu'il ne s'importe en Algérie ni engrais ni amendements.
Nous répétons que les frais de transport qui sont énormes, à mesure qu'on s'éloigne du littoral, maintiennent les machines et les instruments aratoires à un prix exorbitant.

V.

QUESTIONS GÉNÉRALES.

—

146. Quels sont, dans la législation civile et générale, les points auxquels il paraîtrait y avoir lieu d'apporter des modifications que l'on considérerait comme utiles à l'agriculture ?

L'assimilation complète de l'Algérie avec la France est la solution la plus rationnelle et la plus satisfaisante que puisse recevoir le PROBLÈME DE L'ORGANISATION ALGÉRIENNE qui, après trente-huit ans de tâtonnements et de funestes hésitations, s'impose aujourd'hui d'une manière irrésistible.
Il ne saurait donc être question désormais de sim-

ples modifications à apporter, dans l'intérêt de l'agriculture, à la législation civile et générale de la colonie ; il faut prendre, à cet égard, une mesure radicale, définitive, une mesure de salut public.

Plus de lois spéciales ; plus de réglementations exceptionnelles ; il faut abroger en bloc ce fatras d'ordonnances, de décrets, de circulaires, véritable cahos d'incohérences et de contradictions dans lequel s'égarent les magistrats et les administrateurs, au grand détriment des affaires publiques et privées.

Tous les codes français, sans exception, appliqués indistinctement à tous les habitants de l'Algérie, sans distinction de race.

Même organisation qu'en France des pouvoirs publics, tant dans l'ordre politique que dans l'ordre administratif et judiciaire ; par conséquent :

Régime purement civil en tout et partout ;

Conseillers généraux et députés au Corps législatif nommés à l'élection ;

Inamovibilité de la magistrature ;

Création du jury en matière criminelle et en matière d'expropriation pour cause d'utilité publique ;

Application à l'Algérie de la dernière loi de décentralisation communale, en attendant, chose des plus désirables, un affranchissement complet de la commune ;

Constitution immédiate, chez les Indigènes, de la propriété individuelle, accompagnée des garanties nécessaires à la transmission libre et sérieuse de cette propriété ;

Hâter la réforme déjà préparée du Code de procédure civile en ce qui touche la célérité des formes et l'économie de frais, particulièrement en matière de ventes judiciaires ;

Enfin, réduire de moitié, c'est-à-dire de dix années à cinq, le temps nécessaire à la prescription en faveur de l'acquéreur de bonne foi par juste titre, lorsque le véritable propriétaire habite dans le ressort de la Cour impériale dans l'étendue de laquelle l'immeuble est situé. (Art. 2265, C. Nap.)

Le législateur de 1804, en donnant à celui qui possède, une faveur en rapport avec la négligence du propriétaire, avait pour but de procurer plus de sécurité et de stabilité aux acquisitions faites de bonne foi. Depuis cette époque, la facilité des communications s'est tellement transformée et agrandie, que le propriétaire qui, aujourd'hui, laisserait s'écouler cinq ans sans revendiquer ses droits, serait assurément plus répréhensible que pour les dix ans d'inaction d'autrefois. Cette réforme serait éminemment utile en Algérie au sujet de la vente d'immeubles dont la propriété est basée sur des titres arabes, par suite des irrégularités et des incertitudes dont la plupart de ces titres sont entachés.

147. Quels sont, dans la législation fiscale, les points auxquels il paraîtrait y avoir lieu d'apporter des modifications que l'on considérerait comme utiles à l'agriculture ?

Notre réponse se trouve formulée à la question n° 11.

148. Quelles sont les autres causes générales qui ont pu influer dans un sens favorable ou nuisible sur la propriété agricole ?

Nous avons déjà répondu à cette question d'une

manière successive et circonstanciée ; notre opinion
se résume en ces dix mots :

Des terres pour la colonisation !

Des libertés pour les colons !

149. Quelles sont les causes secondaires qui pourraient créer des obstacles plus ou
moins sérieux au libre développement de cette prospérité ?

Quelles que soient aujourd'hui ces causes secondaires, elles ne peuvent manquer de s'effacer promp-
tement sous l'influence du mouvement colonisateur
qu'amèneraient les réformes dont nous venons de signaler la nécessité et l'urgence. Un pays qui se forme
et se transforme est un champ clos d'énergique activité, où n'a que faire la règlementation officielle des
pays trop gouvernés. A mesure que naissent des
obstacles ou des difficultés susceptibles de gêner la
libre expansion, ces entraves sont brisées par la force
expansive elle-même.

Oui, osons le dire : si la France au lieu de s'obsti-
ner, comme elle l'a fait jusqu'à ce jour, dans sa rou-
tine autoritaire, se fut inspirée des principes et des
procédés de l'Amérique du Nord, en matière de colonisation, l'Algérie, loin d'offrir aujourd'hui au monde
chrétien et civilisé le hideux spectacle de tout un
peuple mourant de faim, serait au contraire citée
comme une des colonies les plus florissantes de la
terre.

150. Les réunions commerciales, telles que les foires et marchés, destinées à la vente
des produits agricoles, sont-elles en nombre insuffisant, ou sont-elles, au contraire, trop multipliées ?

Sous ce rapport, la situation ne laisse rien à désirer.

151. Quels seraient enfin les moyens les plus propres à améliorer la condition de l'agriculture, et quelles mesures croirait-on devoir proposer dans ce but?

Ces moyens, nous les avons indiqués autant qu'il était en nous dans le cours de ce travail, et nous ne saurions que nous répéter en les reproduisant encore. Pourtant, nous ne pouvons, en finissant, résister au désir de faire connaître notre sentiment sur les mesures que nous croyons devoir être prises d'urgence pour arrêter au sein des tribus indigènes le dépeuplement occasionné par la famine et pour procurer à ces malheureuses contrées les éléments d'une culture réparatrice.

L'assistance du gouvernement, la charité publique et privée, quelque larges qu'elles puissent être, ne sauraient être regardées que comme un palliatif éphémère au grand désastre qui afflige l'Algérie ; bien plus, au point de vue économique, cet expédient que commande l'humanité est plein de dangers pour l'avenir. Qui ne comprend, en effet, que l'Arabe dont l'aversion pour le travail est avérée et qui périt en ce moment victime de son imprévoyance, sans attribuer son malheur à d'autres causes qu'à la fatalité, qui ne comprend, disons-nous, que l'Arabe ne verra dans les subsides de la pitié qu'une subvention qui lui est due, qu'une restitution partielle de l'impôt qu'il a payé au Conquérant? Les peuples comme l'individu ne se relèvent et ne vivent que par le travail ; c'est la lo de l'humanité ; hors du travail, il n'y a que misère et abjection.

Or, cette année, les Indigènes du territoire militaire manquant de grains, n'ont ensemencé que la dixième partie environ de leurs terres ; dévorés par la faim, ils ont mangé les quelques animaux qu'avaient épargnés la

sécheresse de l'été ou les rigueurs de l'hiver ; ceux
de ces malheureux qui échapperont à la famine ou
aux épidémies, vont se trouver, à la saison nouvelle
des semailles, c'est-à-dire au mois d'octobre prochain,
dans un dénuement plus complet encore que l'année
dernière ; de plus, ils seront horriblement affaiblis et
par conséquent, peu aptes à un travail pénible.

Que faire ?...

Après avoir longuement médité sur cette doulou-
reuse question, voici notre réponse :

Bien qu'il faille procéder immédiatement à la constitution de la propriété individuelle dans les tribus,
cette opération prendra nécessairement un certain
temps et il est impossible de compter sur les ressources qui en résulteront pour les nouveaux propriétaires. Donc, il faut traiter avec la Collectivité.

Deux voies se présentent, celle du prêt et celle de
l'achat des terres.

Le prêt opéré sur les centimes additionnels est con-
damné par l'expérience qui vient d'en être faite ; il
n'en faut plus parler ; le Crédit foncier de France sera
probablement plus désireux de récupérer les 3 millions qu'il a aventurés sur cette garantie, que d'en
prêter d'autres. Où voulez-vous donc recueillir des
centimes additionnels à un impôt dont la source est
tarie ?

Le prêt sur garantie hypothécaire des terrains *arch*
de la tribu nous paraît irréalisable dans la forme, car
il faudrait, préalablement à l'emprunt, constituer admi-
nistrativement la commune ou djemâa, pour donner à
la communauté des possesseurs, des représentants lé-
gaux capables de contracter.

Quelque célérité que l'on mît à une pareille organisation, avec le désarroi qui règne dans ces tribus

6

désolées, il serait impossible, avant longtemps, de rien faire de sérieux.

Mais, en dehors même de ces difficultés de forme, il est évident qu'un pareil mode de prêt est impraticable.

Comment, en effet, assurer le service des intérêts ?

Comment, en fin de compte, parvenir au remboursement ?

Il faudrait inévitablement recourir à l'expropriation forcée, et, pour l'opérer, mettre en réquisition un régiment de soldats par tribu.

Il est certain que l'Indigène, quand il est pressé par le besoin d'argent, emprunte avec une facilité extrême, sans se préoccuper des charges qui lui sont imposées ; mais il est rare que, l'échéance venue, le créancier ne soit pas obligé de recourir à des poursuites rigoureuses pour obtenir son remboursement.

Dans le cas d'aliénation, au contraire, une fois la chose faite, l'Indigène n'y pense plus ; il n'éprouve même pas un regret.

L'achat de terres est donc le seul moyen à employer, pour donner aux Arabes des tribus l'argent nécessaire à leur subsistance jusqu'à la récolte de 1869, ainsi qu'à l'achat des grains d'ensemencent et des animaux de labour, avant le mois d'octobre prochain.

L'article 7 du sénatus-consulte du 22 avril 1863, combiné avec les articles 18 et 19 de la loi du 16 juin 1851, permet l'expropriation des terrains de tribus ou fractions de tribus, pour la fondation de villes, villages ou hameaux.

Il faudrait, sans le moindre retard, voter une loi qui autorisât un emprunt de 20 ou 30 millions à affecter à cette opération.

Il suffirait de faire établir immédiatement dans chaque tribu le périmètre de la partie expropriée, en

prenant pour centre la meilleure fontaine ; c'est autour de cette fontaine que serait plus tard fondé le
village européen.

La terre expropriée serait évaluée à un prix assez
modéré pour permettre à l'Etat de la livrer à la colonisation sans éprouver de perte, de façon même à en
retirer un bénéfice qui serait appliqué à la construction de la fontaine et des édifices publics de première
installation, ainsi qu'à la construction d'une route
aboutissant au réseau de chemins de fer américains
dont nous avons signalé l'utilité sous le n° 119 du
questionnaire.

Avec ce système,

La famine est apaisée ;

Les ensemencements sont assurés sur une large
échelle pour l'année agricole prochaine ;

Les revenus provenant de l'impôt rentreront dans
les caisses de l'Etat ;

La sécurité publique sera rétablie ;

La colonisation européenne sera pourvue de terres
qui manquent aujourd'hui à son développement ;

Enfin, les tribus seront pénétrées par l'élément colonisateur qui seul peut les régénérer et les entraîner
dans la voie du progrès et de la prospérité.

Vienne ensuite et sans plus de retard, chez les Indigènes, la constitution de la propriété individuelle,
soumise aux règles de nos lois civiles, et la fusion
des races s'opèrera comme cela doit être, comme il
faut que cela soit : l'élément barbare absorbé par l'élément civilisateur.

Pour les Membres du Comice agricole :

Le Président,

MARCEL LUCET.

CONSTANTINE. — TYPOGRAPHIE L. MARLE.

Constantine. — Typ. L. Marle.